寵物生命禮儀

林元鴻　著

晨星出版

目次
Contents

PART 2 特殊案例

PART 3 是節氣的影響嗎？

PART 4 最放不下的還是你

PART 5 告別儀式說明

推薦序

最「古意」的貼心服務

首先，很榮幸可以為這本新書撰寫推薦序；更與有榮焉的是，作者林元鴻老師正是和我從小一起生活長大的表弟。元鴻老師個性純樸靦腆、熱心助人。他經營兩間補習班，深受當地學生及家長們愛戴。當他表示要在故鄉宜蘭從事寵物禮儀事業時，身為兄長的我覺得他再適合不過了，尤其看到記者訪問他在雨中挖狗屍那張照片的一幕時，就知道他若能在故鄉從事寵物禮儀服務，就會像他的補教事業一樣，成為我們宜蘭人的福氣。

當我知道故鄉宜蘭可以有位像元鴻老師這樣一名熱心的寵物殯葬服務業者時，身為兄長的我其實甚感驕傲。而且他因為要從事這一行，每週特地去台北上課、考證照，也為了服務毛小孩的後事而和我討論如何申請寵物棺木的專利。甚至為了製作寵物棺木特地拜師學藝，重學木工、美術，還因此被機器割破手指、縫了好幾針。

因此，當我聽到弟弟要出書，並邀請我幫忙寫推薦序時，為兄者二話不說立刻答應。現在，看到他如此用心地幫飼主把服務案件做成記錄和回憶，並深受所有飼主好評，也對於元鴻老師如此廣結善緣感到佩服。在此，希望他新書大賣，讓更多人認識他和他的公司。

現在的台灣，已有越來越多家庭飼養寵物，並把寵物視為重要的家人。我知道元鴻老師家裡也有養貓咪，所以他其實最能體會與寵物相處的感覺，也很能同理飼主的想法。我常從臉書上看到他凌晨還在為宜蘭鄉親服務，導致為兄者只能在異鄉透過LINE的通話，請他保重身體、照顧好自己，而他也都會回答沒問題。但畢竟路若要走得長久，身體健康還是第一。

希望此次能藉由出版此書，讓飼主們更加了解寵物的生命禮儀及處理方式，並理解到專業的寵物禮儀公司能提供更為溫馨合適的服務。當然，此書也能讓有心從事這一行業的相關人士參考，縱然服務會因地方規範而有所不同，但多少應該還是會有所幫助。

總之，故鄉宜蘭純樸的民風很適合元鴻老師這種「古意」的服務。他寫的真實故事，也道道地地符合我們宜蘭人的特質。這就是為什麼，他服務過的客戶都喜歡和他交朋友，也讓幫吾弟寫推薦序的我再次感到驕傲。

最後，再次祝福他新書大賣、身體健康。

育達科技大學學術副校長
品牌行銷與經營管理協會理事長
王榮祖 教授

臺灣海洋大學輪機工程學系系主任
台灣節能減排協會常務理事
王榮昌 教授

聯名推薦

推薦序

用愛與祝福好好道別

《聖經》傳道書七章二節寫說：「往遭喪家去，強如往宴樂家去，因為死是眾人的結局，活人當將此放在心上。」無論是人類的死亡或心愛寵物的死亡，都是人們面臨悲傷失落的階段。

「好好跟牠道別」是林老師補教業之外的副業，但顯然地，這個副業的利頭應比不上他深耕已久的補教業。想必在他的生命歷程中，對寵物一定有某種割捨不下的情感，因此林老師重新當上學生，來到我的課堂學習「寵物臨終服務」的技巧。這門訓練只有在北中南維持六週的開課，林老師不辭辛勞、往返奔跑，並利用補教業最賺錢的週六時間來上課。

的確，寵物生命紀念是全台灣的飼主都會面臨到的問題。有生便有死，往往面臨死亡議題時，我們所能見到的，是生者面對的悲傷失落，而作為一名專業的「寵物臨終服務師」，不僅需要協助處理寵物遺體，更要能同理失去寵物、如同失去至親之飼主的心理創傷。

林老師將他創業的過程中，觀察到與親身體會到的失落、悲傷彙集成冊，提供了不僅對寵物臨終服務有興趣的讀者，相關實務會遭遇的親身經歷，也提供飼養寵物的讀者思索如何好好跟心愛寵物道別的路徑。

事實上，我們視寵物臨終服務師為一項助人的工作，課堂上，我們也不用「寵物殯葬」形塑這個產業，因為寵物臨終不是只提供具有儀式感的祭拜禮儀，更多的是，如何用愛與祝福來跟心愛的寵物好好道別。

寵物死亡是一個具有紀念性和緬懷的生命教育事業，追本溯源，這樣的事業跟林老師原本從事的教育事業反而不相衝突，而是更具教育意義的意外安排。

我相信，林老師親身經歷不同個案的失落與悲傷關懷後，一定能提供讀者面對寵物死亡時該如何好好和寵物說再見的方法，並帶著滿滿的愛與祝福，送給彩虹橋彼端的小天使們。

國立台北護理健康大學生死與健康心理諮商系　碩士
北京中央民族大學民俗專業　博士
寵物生命紀念產業法規研議專員
勞動部ICAP「寵物臨終服務師」職能認證課程創辦人
企業顧問
范班超

推薦序

一起讓台灣成為充滿愛和溫暖的寶島

拜讀元鴻老師所著的《寵物生命禮儀》，特別為元鴻的努力感動。他一步一腳印地實踐在課堂上跟我講出的宏願，他就是個這麼可愛的台灣人，默默付出、誠信篤實。

回想台灣寵物福利工作的推動，在這十年進步神速。從寵物福利、流浪動物管理、民意由下而上地推動了動保法的改革都可見得；動物不僅走入我們的生活，甚至成為我們的治療犬和狗醫生；動物也進入校園，成為生命教育的一部份。動物和我們相互依存，比過去的歷史更為密切。

同時，寵物生命事業也面臨轉型。過去以清運焚化和遺骸存放為經營主體的企業形態，已不足以因應現代人對動物心靈寄託的需求。寵物的角色，不再是過去看門或補鼠等功能性的存在，牠們已是我們親密的家人、陪伴的朋友，甚至更重要的角色。是以，我們跟寵物道別時可能特別難過，因為在那個當下，我們失去的不僅是一個老友、一個伙伴，更是我們跟牠過去的記憶，以及相處一生的感情。這段生命值得我們懷念，這片失落代表著牠在我們心目中的份量。

元鴻服務的宜蘭，是一個幾乎沒有寵物臨終服務的地方。他是第一個私人業者，也是我最欽佩的人。在他出書之前，我就已經常在臉書上看到他風雨無阻、全年無休服務的記錄，從路殺、流浪動物到民間寵物都有；可見他把這份工作當成「志業」，跟一般人從營利出發大不相同。讀完全書，我也更了解當初坐在台下的他，是如何擁有服務世人、服務動物的遠大志向。元鴻真的很不簡單！

本書囊括了許多不同類型的真實史事；從生病到臨終，從初終到追憶，不僅介紹動物保險和生前契約的精神，也提到全家陪伴、相濟度過的例子，這些都可能幫助到更多有養寵物的飼主，讓我們在面對動物身後事之前，就已經先有所準備。此外透過本書，相信讀者可以透過元鴻的角色進一步了解到，台灣已有經勞動部認可和考核，名為「動物臨終服務師」的專業人員，是大家在寵物身後事方面可以正式諮詢的對象。看完本書後，也希望對寵物生命寵物事業有興趣的讀者，能一起共創有人情味的台灣。

諮商心理師
財團法人華岡興業基金會
寵物臨終服務師職能培訓班　講師
ACP中華國際人才培訓與發展協會
PFD寵物臨終服務師認證　顧問

游益航

前言

我是一名補教老師，教書生涯十七年了。從國立大學研究所畢業後就一直在教書，從沒想到在自己的人生中，竟然還會出現不一樣的斜槓職業，因此我想把這樣的人生經歷和各位分享。

我的正職是補教老師，一開始沒打算從事寵物殯葬禮儀，起初是先從寵物的棺木設計著手，因為看到市售的寵物棺木琳琅滿目，但都不是我想要的樣式。如果我是飼主，應該會選擇我設計出來的，簡單樸素的樣式、色調及風格吧！白色素雅的外觀，象徵純淨地離開這人世間的紛紛擾擾。

等申請到了設計專利才知道，宜蘭縣內僅有一處公營的動物焚化爐，並只限用紙（箱）棺，這讓我感到很受挫，因此產品只能往外縣市銷售發展；但山不轉路轉，怎能輕易被打敗？對此我也有因應之道，目前正在申請第二項專利中（也感謝在臺灣海洋大學教書的表哥鼎力相助）。

不過後來想想，要了解寵物的後端市場就要深入其境，因此當知道台北有開此課程時便報名了「寵物禮儀師」，上課六週，合計三十六小時。但有別於內政部「殯葬禮儀師」的疑慮，怕被誤用，遂將名稱改成「寵物臨終服務師」，服務內容卻一樣，課程內容從：「寵物生命紀念產業趨勢」、「寵物臨終照護」、「疾病衛生管理」、「冰存火化管理」、「業務聯繫與開發」，到「儀式流程概論」、「會場布置設計」、「儀式流程操作驗收」、「飼主悲傷失落關懷與技巧」都有。

上完這些八大項目的課程後，必須通過考試才核發證照，但有了證照，還要有實際經驗，真正去接案才算學以致用。因此，我書中描述的都是實際服務過的案例，因為有感而發，想記錄下這些服務毛小孩的過程，也希望透過這本書，讓毛小孩的飼主們了解到，牠們能被主人捧在手掌心，像小寶貝一樣呵護著是很幸福的事。但養了就要照顧，不可因為長得可愛或一時喜歡，憑著一股衝動而養牠。日後老了或因故而棄養，這樣是很不負責任的行為。

我從事補教業，也是秉持這樣的教育理念和熱誠，希望所教的學生都是想要來學習的。除了教書之外，也常教他們做人處事的態度，因為態度決定你的高度。另外還受朋友所託，在外尚有兼課，所教過的學生有一般生、資優生、資源班學生和中途學生，甚至也曾到過技術學院任教過，可見我教學的「range」夠大吧！

當初研究所畢業時，我對教學充滿熱忱，也常常因為求好心切，要求學生符合自己的期待。當時不到三十歲的我血氣方剛，記得那時還是「打罵式的教育」，低於我所訂的分數，少一分打一下；上課講義沒帶來，立馬打電話請家長送來（可見當時多有魄力）。不過越是期待，失落就越大，往往事與願違，

久而久之就……看破紅塵啦！

不過當然沒那麼嚴重啦。哈！我還是很認真教學，只是現在的學生學習越來越多元化，不再依循「唯有讀書高」的傳統觀念，如有一技在身也很受用。因此我常鼓勵學生，有機會多考些證照，對將來出社會找工作很有幫助；就像我教數學、理化之外，也有寵物禮儀師的證照，也教過桌球課程。無論是否從事這門行業，多少能有些概念與認知。若要更專業的話，就靠經驗慢慢累積，急不得也沒有特別的訣竅，重點在於用心而已。

如果這本書賣得不錯，下一本書我打算來寫所教過的學生類型（應該賣不出去吧！我想）。不過有時候覺得，自己都讀到了國立大學的研究所，找到的工作理應比較高階，誰也沒想到，我竟會兼職從事寵物殯葬禮儀事業，但「不入虎穴焉得虎子」，於是獨自勇闖寵物殯葬業，深入了解到底是在做什麼（真佩服自己的勇氣）。我常鼓勵我的學生，除了成績外，有時間也可多學習其他有興趣的才藝，不僅僅只是功課而已。例如：我有教過一位學生，除了功課不錯外，對科學也很有興趣，因為看到老人家行動不便，還設計了「穿襪輔助器」，解決老人家的不便，還為此獲選國家代表隊。

因為我是數理老師，最喜歡舉例證明給同學們看，人生就短短數十載，如何好好規畫自己的人生、養成負責任的態度也很重要。開設寵物殯葬禮儀公司也是一種負責的態度，因此我先循著合法管道立案，準備好資料後就去登記了。

縣府的承辦人員一聽到要登記立案「殯葬」業時，就請我先去縣府民政處的「宗教禮俗科」登記申請，我照做了。但宗教禮俗科的人員一聽到我要申請寵物殯葬禮儀時，臉上竟露出疑惑的表情，於是翻閱縣內的殯葬管理條例，就是找不到和寵物相關的殯葬法規。也就是說，我是縣內第一個開先例的業者。

既然有民眾申請，就是要核發執照給我才算合法。在我拿到商業登記證之後，看到自己被歸類在「寵物食品類及未分類其他項目」，感到有點傻眼，但也算了！只要確定合法、不會找我麻煩就好了。這就是我從申請到拿到開業執照的過程，至少先證明我是合法的，等以後有縣內寵物的殯葬法規再說吧！

這突顯了在我們縣內，加速立法來作為規範的急迫性。因為現在越來越多人重視毛小孩的程度並不亞於自己的兒女。我出書的另一個目的，也是希望能讓相關單位看到，進而更重視毛小孩後事的完整配套規畫，讓牠們走得有尊嚴，飼主更覺得溫馨感動。

此外，感謝「ETtoday 東森新聞」記者的訪問，和縣內凱旋國中邀請我指導「職業視野　未來想像」課程。

宜蘭縣立凱旋國民中學

感謝狀

Certificate of Appreciation

茲感謝 林元鴻 先生/女士

大力指導本校校訂課程「職業視野 未來想像」，本著教育熱忱，將自己的人生經驗與孩子分享，提供孩子們多元的學習機會，使得本校學生獲益良多。

隆情高誼 至感盛德

特以此狀 謹誌謝忱

校長 羅麗惠

▲受邀指導縣內凱旋國中「職業視野 未來想像」課程，
課後學校所頒發的感謝狀。

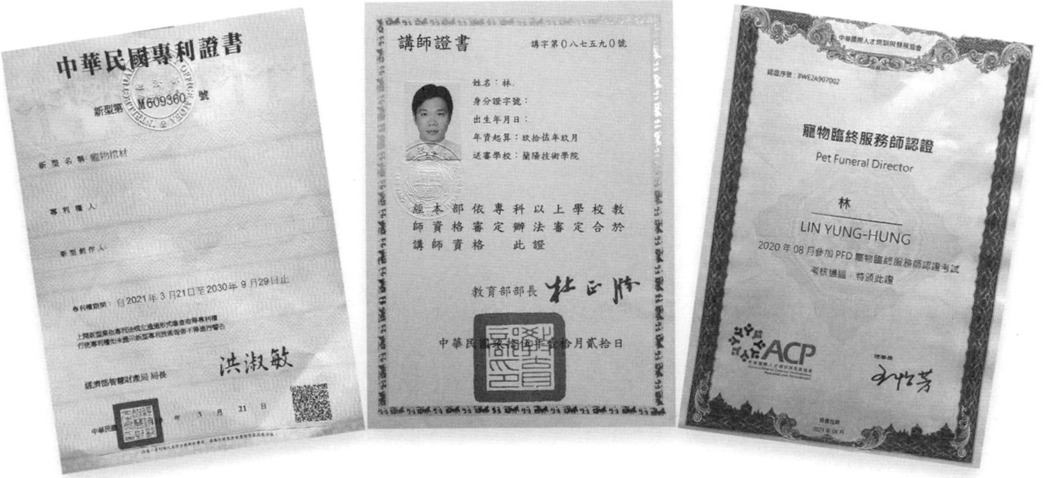

▲寵物禮儀師和大專講師證書。

▲歡迎掃描ETtoday 東森新聞報導的QR Code，
了解關於補教師斜槓毛小孩送行者（本人）的新聞。

PART 1

開業

Story 01 開業後的第一個案子

「譽馨寵物你好，有什麼需要服務的地方嗎？」開業後的某天早上，剛開機沒多久就有一通電話打來，對方是一名住在三星（宜蘭有名的三星蔥產地）的女生，電話那頭傳來哭過的聲音說，家中的貴賓狗往生了。我帶著興奮的心情。不！說錯了，不能以「興奮」來形容，而是因為飼主願意給我機會服務而感到高興。

聽完敘述後我立刻換衣服、準備出發。然而，正當我即將前往時，對方竟又來電說，打給我之前已打給台北的殯葬業者，他們人在路上了。我心想，這是什麼情況？捉弄我嗎？或者純粹是一通哄我開心的惡作劇電話？

對方跟我說：「對不起，不用過去了。」聽到的當下真的有點生氣。不過後來也釋懷了，還自我安慰說：「我們宜蘭人重情義也重信用。」一定會找最先接洽的那位業者服務；就這樣，我以為的第一個案子飛了。但因為還沒開始就結束，心裡難免有些落寞；雖不至於從雲端跌到谷底，不過很接近這種感覺。

不過，真正的第一個案子沒多久就來了。飼主是位女生，她連價格都沒問就直接請我協助，因為她養的瑪爾濟斯犬往生了。確定地點之後，我依照導航的指示前往目的地。

當她跟我說，地址是在宜蘭市的泰山路上時，腦海中馬上就浮現了地圖，畢竟生活在宜蘭四十幾年了。不過，雖然知道大概的位置，還是要靠Google導航才知道正確地址。但也因為是第一個案子，所以在經驗不足的情況下，只帶了裝大體的箱子；抵達這位飼主家後，她邊流淚，邊請我幫忙處理寵物的後事。

瑪爾濟斯在香港又稱摩天使，原產於馬爾他，是一種白色、長毛的小型犬；性情溫和、外表可愛、喜歡對人塞奶（台語）又好客，因此十分受到人們喜愛，是相當受歡迎的飼養犬種；其廣泛被飼養於世界各地，路上也常見飼主牽著溜狗散步。

因為案主表明要上班，無法前往送牠最後一程、看牠火化，於是請我代勞。火化後，再請我將毛小孩的骨灰攜至寵物陵園灑葬，這樣做既環保又簡單。

我跟家屬說，有空時就以你們的宗教信仰唸經迴向給牠。很多民眾都唸「南無阿彌陀佛」，而我信仰的宗教唸的是「南無妙法蓮華經」，屬於日本創價佛學會。之後會再跟各位聊聊，我為何唸「南無妙法蓮華經」。但無論以天主教、道教等儀式，或為哪一種寵物送別都適用：高貴的也好、米克斯也好。

往生寵物進了火化室，家屬看完、送牠最後一程後，火化人員便會將其推進火化爐；經過四十分鐘至一小時左右的時間，再推出來時已化作一堆白骨。就如同我們人一樣，不管你是富人也好，流浪漢也好，一把火燒了都是化為灰燼。

如果有些飼主想將寵物遺骨裝入骨灰罐，或做成其他紀念的物品，例如：盆栽、項鍊甚至寵物沙龍照等，我們都可以配合其要求。

有些流浪貓狗集體火化後，骨灰會混在一起，是誰的也不知道，這就是貓生或是狗生。但許多時候，人生不也一樣嗎？世間萬物都會有這麼一次，不分貧富貴賤，火化之後就化為灰燼。因此，學會面對，或許離開是另一種生活的開始，而這些萌寵的可愛模樣，也將持續留在我們心中。

▲將骨灰放進盆栽作為紀念。

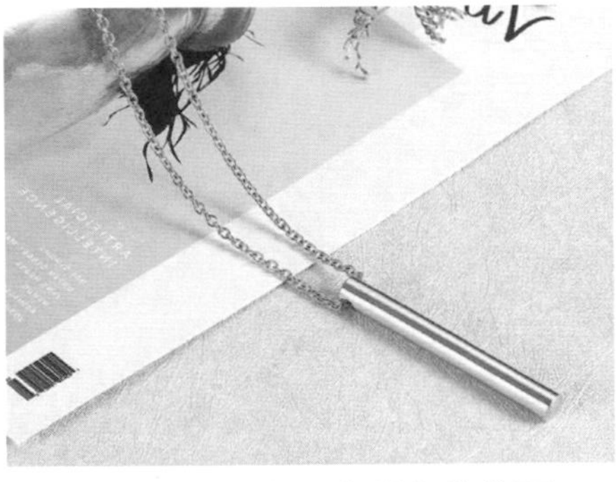

▲▶寵物骨灰項鍊及象徵永生的不凋花，很適合做為紀念。

▲飼主特別繪製的寵物沙龍照。

（感謝蔣雅筑、洪岑穎提供照片）

Story 02
大雨中挖遺體的送行，願牠一路好走

開業不久後的某天，我接到了一個特殊案件。還記得那天外面下著大雨，我從蘇澳開車到壯圍，獨自在雨中挖狗屍，那次送行歷程特別讓我難忘。

記得當時電話那頭是一名聲音微弱、顫抖的女生，情緒似乎十分緊張地說，她們家的狗往生了。稍微安撫她的情緒後，我依正常流程向案主說明工作內容，確認需求後掛掉了電話。不一會兒，那名女生再次來電說，請依她的指示幫忙把狗兒「從菜園旁埋屍的地方挖出來」。

那時我有點困惑，想不透為何會有「挖出來」的需求。仔細詢問後才得知，原來跟我通話的女生幫朋友照顧狗狗，但狗狗卻因熱衰竭而往生。因為事發當下她在上班，發現狗狗往生的家人則說要將狗狗放水流。狗狗在異地往生已經很難過、心疼了，她不捨還要讓牠漂到茫茫渺渺、未知的地方。

情急之下，她就請家人將死去的狗兒埋在附近的菜園。其實鄉下地方這麼做還算常見。但那位妹妹後來覺得，牠應該會想回去原來的家和飼主身邊。若狗狗要有機會回家，「重新出土」應是讓牠回家的唯一辦法。

這邊我要先提醒法鬥犬飼主們應該注意的事項，因為已經處理過好幾隻法鬥犬的案例。之前一位好友養的狗也是法鬥犬，不知什麼原因跑出去不見了，被尋獲時已成為一具僵硬的遺體。其實飼養法鬥犬的難度不高，是一種很適合家庭的寵物。不過凡事都有一體兩面，有優點就有缺點，如果不管優缺點多少你都能接受，當成寵物養是還不錯。萬物都有靈性，你對牠好，牠都能感受到。

我曾詢問過養法鬥的專家，他們提到，法鬥犬平常不太會亂叫，因此無論市區或郊區都適合養，也較不會因為狗狗狂吠、吵到鄰居遭投訴，除非有特殊情況，像是小朋友捉弄、逗耍讓牠感覺不舒服，才會出自本能地反應，否則法鬥犬算是友善型的溫馴萌寵，特別是對小朋友們很友善（可能牠也把小朋友看成嬌小型、不具威脅性的生物吧）。

一般情況下，法鬥犬不會主動攻擊人，加上運動量不大，不需經常外出蹓躂，比較喜歡在家裡或在角落靜靜待著。雖是這麼說，我還是建議如果有空盡量帶法鬥去散步，讓牠保有一定的運動量，但切勿太過激烈。因為法鬥呼吸道較為短小（看牠扁扁的臉就知道了），太激烈的運動容易導致換氣不及，而造成缺氧的現象。

你可能很難相信，一八〇〇年代初期，英國因為農場工作所需，曾引進大量法鬥犬驅趕「老鼠」，當時法鬥還被形容成吃苦耐勞的犬種之一，不敢相信吧！現在沒有人會讓法鬥驅趕老鼠了。只要記得平時多帶出去走路運動，並想像一下，人狗一起散步的畫面多麼溫馨！且在牠表現好時給予些小獎勵或牠愛吃的小零嘴，幫助牠磨牙補鈣，增強骨骼與肌肉發展。

因為法鬥的體型屬於小型或中型犬種，帶出門時很方便，唯一缺點是行動慢一點，尤其是逐漸衰老的法鬥更需用心照護。外出時可用推車帶牠出去。

法鬥的性格相當活潑可愛，很愛跟主人玩耍，只是耐力不特別好，因此無須每天花大量時間帶出門運動，只要每天陪牠玩一會兒，牠就會很開心地與你互動。

聽說，法鬥的缺點是遺傳疾病較多，例如常聽見的「櫻桃眼」、「白內障」、「過敏體質」等；因為我不是獸醫或眼科專業，只約略知道白內障是水晶體混濁、嚴重時會造成失明的眼疾，所以飼養前一定要了解清楚。

不過，訓練法鬥較不容易，過程中，飼主需多點耐心和愛心。但也無需太過擔心，只要注意大、小便等基本知識就可以了，相信你的法鬥犬都能夠慢慢學會。只要記得，不忘在當牠表現好時，用小零嘴獎勵牠喔。

在早期的市場上，法鬥的價格上稍貴一點，且因為數量較少，要價大概三至四萬元不等，但因看起來「呆呆的」和「有點醜又萌」，所以近來認養風氣興盛，加上被繁殖的法鬥越來越多，現在一隻大概一萬元至二萬元就可買到；附有血統書者則要價二萬元以上，但價格還是以店家的實際售價為主，以上資訊僅供參考。

此外，法鬥的體味比較重，其他一般貓、狗洗完澡後，可能至少一個禮拜內都不太會有味道，像我們家養的小橘「啾咪」都超過一個月才洗一次澡（如果是普通人應該早受不了）。因為貓會舔自己的身體清潔；雖然好像不太衛生，但聽說不用太常幫貓咪清洗；甚至還有朋友說，家貓半年洗一次就可以了。法鬥犬一般約三至四天就有明顯體味，因此想養法鬥犬需注意上述事項。

這位林小姐是上網Google找到我們公司的。她看到我們提供「寵物禮儀」的服務，因而希望我協助讓牠一路好走。原以為是件單純簡單的案件，且一般來說，「挖遺體」本就不在禮儀師的服務範圍，但我一再強調，敝公司是宜蘭在地服務，要讓客戶覺得我們態度親切且使命必達。

那天，我不顧家人反對就出門工作，尤其我阿母說：「一定要做這個工作？沒別的工作可做嗎？」剛開始她無法理解：我這優秀的兒子到底在搞什麼？且那段期間宜蘭雨不停歇，難怪我阿母很擔心。

還記得那天，我在滂沱大雨中拿著鋤頭，按照指定地點在鄉下的菜園裡開挖。挖了一陣子後還是沒找到屍體，原以為挖錯了，但為了把案主託付的任務完成，我冒著大雨繼續深挖，還因此閃到了腰。那時我一面挖，一面唸我們宗教的祈福經文「南無妙法蓮華經」；正當挖了許久準備放棄時，突然看到露出一小角的塑膠袋。於是我更加賣力了，終於把整個泡水腐爛的袋子拿出來。

但接下來的任務更棘手了。因為屍體泡水多天且包在塑膠袋裡，所以必須將其拿出；褪去塑膠袋後，一股濃烈的、遺體散發的臭味撲鼻而來。由於需將其沖洗然後重新裝袋……可想而知大體泡水多天後的慘烈畫面，這個過程也就不再贅述了。

那次我被家人罵到臭頭，也算是我遇過較特殊的案例了。不過，「受人之託，忠人之事」一直是公司的經營理念。順便說明一下，每人都有自己的宗教信仰，無論飼主信仰何種宗教我都會配合；但若飼主沒指定採用何種儀式，我都會唸「南無妙法蓮華經」迴向給毛小孩。關於儀式流程，在PART5會有較詳細的說明，在此並無強迫信仰之意喔！

其實，每個宗教都有勸人為善或替眾生祈福等相同意義，而這隻萌寵法鬥的名字叫嘟嘟，我將牠裝箱後載去冰存，然後擇日火化。林小姐也在火化當天，趕來送嘟嘟最後一程。

「安心的走吧！去彩虹橋那端找同伴玩吧！不痛了，來世不要再當狗了！」

每次送行時，心中都會感覺特別沉重。所以才會有感而發地說：「我們身為人，一定要好好珍惜在世的時光，別因一時想不開或一時的壓力就走上絕路。」我還聽過這麼一句話說：「前世的五百次回眸，換得今生的一次擦肩而過。」所以，如果真有輪迴轉世為人的規則，就知道要修煉多久了吧。

如果你問我，要花幾世才能轉世為人？（雖然我是數理老師，數學是我的強項），我也不知道答案。但若真有來世，可能幾十輩子甚至更久吧。

比起在這輩子你問我何時才能成功、發達、成為有錢人；相較下，後者應該容易多了。但我更相信，在世為人，心存善念、多幫助人、孝順父母、兄友弟恭、多回饋社會，你會覺得更踏實，至少離開人世時會沒有遺憾。

▲在大雨中挖出嘟嘟的遺體。

▲飼主寫給我的感謝卡片。（感動～）

關於寵物骨灰罐

寵物往生後一定要挑選骨灰罐（罈）嗎？這個答案其實在飼主心裡，除非飼主詢問我們寵物禮儀師的建議，我才會提供資訊。至於骨灰罐（罈）的材質或如何挑選，則依照材質，分為平價和昂貴的類型。因為從事這一行，我也做了一些功課；我曾自行上網購買寵物骨灰罐，有些在網路上貌似美觀，但拜現代科技所賜，只是照片打亮一點、角度背景配合得當，廉價材質的骨灰罈價格經常可以翻漲成好幾倍。

因為我買得非常便宜，想說被騙就算了。其實用膝蓋想都知道，三、四百元的骨灰罐品質能有多好？但我還是買了，拿到成品後至今仍放在公司，根本不敢拿給客戶看。雖說廉價骨灰罈也是陶器，但可能因為沒上釉，摸起來相當粗糙。我們日常使用的陶瓷器外表總是相當光潤、平滑，有的潔白如玉，有的五彩繽紛，這其實是「釉」的功勞，讓罈子彷彿穿上衣服一樣地變漂亮了。

我的客戶最常問我，如何挑選寵物的骨灰罐？一般寵物的骨灰罐多半只看外觀，有些飼主因為仍在悲傷、難過，無心在意材質；但畢竟要長期放置骨灰，因此要注意防潮度及堅固與否；想找便宜的骨灰罈很容易，但一分錢一分貨的道理始終不變；這也關乎你對寵物的在意程度及你心裡認為，花這筆錢是否值得！

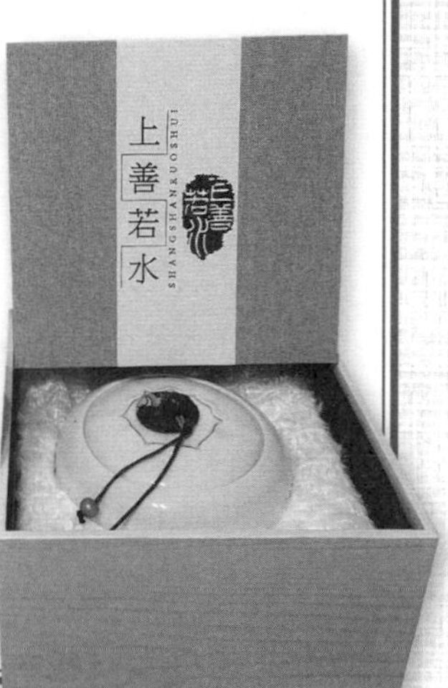

▲寵物骨灰罐（罈）。

Story 03 跨縣市通報的送行

上寵物禮儀課時，班上同學大部份是女生，全班二十八人只有五位男生。但分組時，光我這組就佔了四位男同學，當時多希望分配到別組，好和其他女生有所互動，哈！

當然這不是重點，重點是規定的六週內，雖然上了三十六小時的課，但到了結訓時，我也只認識我們那組的五位同學，而和班上其他人幾乎「零」互動——只零星的點頭、打招呼而已。這不像是我出社會多年的作風，而同學之間結訓後也沒再深入來往，只約略知道哪些人名對應到哪位同學的臉而已。但就在開業後的某天，我卻忽然接到別組同學的來電。

幸好之前老師要求每組交作業時要上傳到群組裡，所以全班同學都加入了LINE群組；同學之間如果有事，也會在群組上詢問、討論，但彼此之間的熟悉度也僅此而已。聯繫我的這位同學因為都在台北服務，她是因為接到住在宜蘭的委託人，才將客戶轉介給我。

事實上，有這樣的同學也很不錯；因為她大可推說宜蘭沒有服務業者，就拒絕掉了，只是她並未這樣做。可見我在其他人眼中為人還不錯。既然是同學介紹的案子，當然必須要好好地服務客戶。

聯繫上客戶後，我聽到電話那端傳來貌似哭泣的聲音，說著宜蘭冬山家裡的毛小孩往生了，希望我這名在地的業者協助處理。記得當時的時間已近傍晚，我正要趕去補習班授課，於是詢問客戶，大約晚上九點後的時間是否方便？客戶說她人在台北，趕回去也是六、七點以後了；所以雙方達成共識，約好了見面的時間。

那時的我對於工作內容還算生手，只知道要帶紙箱，但卻忘了詢問毛小孩的身形、大小；上完課後，我按客戶所給的地址以Google地圖找路。在開車前往的途中，又特地經過超市、買瓶礦泉水，並在超市多拿了一個更大的紙棺（箱）。然後，我按語音導航趨車前往冬山市區，而當導航指示我往前方的鄉間小路開去時，我不免擔心，重度近視一千三百度的我，在黑暗中是否會看不清門牌號碼。

即使語音導航曾把我導向沒有住家的地方，並因此迷路很久，但想到客戶難過的聲音，我只能相信它了。幸虧導航提示「目標就在您的左手邊」，才讓我心裡稍微鬆了口氣。黑夜中，門牌號碼仍看不太清楚，因此我準備下車確認。熄火時有人打開門接應；畢竟在郊區，只要稍有動靜，就會引人注意。

確認是飼主陳小姐，並在她的帶領下進入屋內。毛小孩大約在中午左右離世，遺體放到晚上九點多，味道已有點重，因為在毛小孩死亡後的這段時間裡，身體各個組織和器官的機能活動逐漸停止，並在種種內、外因素交互作用下產生一系列的所謂「死後變化」。

屍體早期的變化，是由於死後身體機能停止，導致括約肌鬆弛。在此情況下，有時會導致大、小便失禁，所以這個過程很正常。另外，體溫也將隨著周邊溫度的變化和保溫情況而逐漸下降，造成所謂的「屍冷」[1]。

由於我當時拿的紙箱不夠大，回到公司後，前往全國電子要了更大的紙箱；雖然有點不好意思，但客戶的家人都很客氣，能體諒我大型犬的紙箱臨時不容易找到。也因為這個案子，後來我都會在公司預留一個大型紙箱。雖然案子結束也一段時間了，但我們至今仍常保持聯繫，也因而成為好友。

1 也就是人或動物死後身體停止產生熱，導致體熱向周圍環境放散，直到與環境溫度相同。屍冷的進展取決於環境溫度、屍體是否有穿衣服等因素，視情況而定。

記得火化那天，瑪雅的姐姐和媽媽都來送牠最後一程。在大家的目送下，火化阿伯慢慢將瑪雅推進火爐中，最後也依照家人意思裝在美美的骨灰罈中。將骨灰交給瑪雅的家人，並依飼主請託，將許多瑪雅生前的生活照編輯成影片，搭配我精挑細選、抒情的揚琴旋律，讓我這個送行者也覺得溫馨感動。

總之，這件案子也算圓滿結束了。但寫到這邊我不禁好奇，寵物禮儀師都會和飼主保持聯繫嗎？我服務過的多數飼主都和我彼此加LINE、至今保持連絡；雖然我長得不帥但也不差，而且顧客以女性居多（我就這樣寫了出來，以後LINE的訊息可能都要被某人偷看了）。

此次案子結束後，瑪雅的家人，尤其兩位姐姐還特地寫了感謝卡給我，讓我深受感動，只差沒有落淚而已！

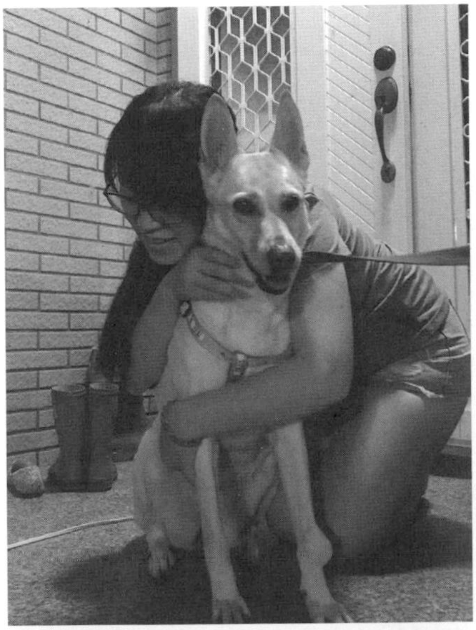

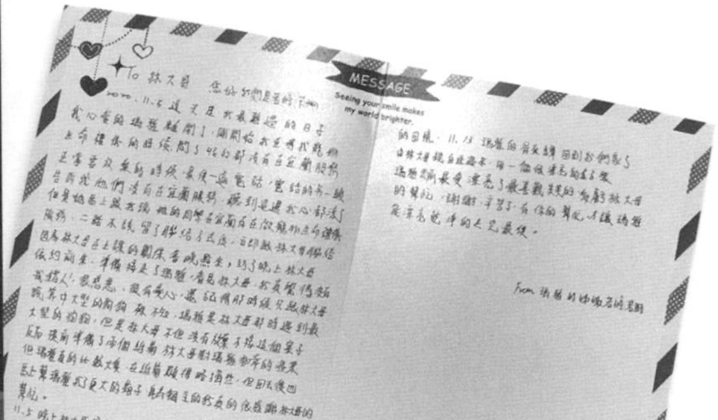

▲瑪雅，我永遠不會忘記你，再見了！

（感謝瑪雅的家人提供照片）

Story 04 兄妹一起作伴

星期二是我最快樂的時光，因為自己當老闆，所以補習班這天不排課。如果週二沒CASE加上天氣不錯，白天我就會去爬山或釣魚，下午回來後再睡個午覺，傍晚接著打球。平常的我因為太悠閒、未到退休年齡，所以常想做些有意義的事；去上寵物禮儀師的課並成立公司、服務宜蘭地區有養寵物的飼主，則是我的初衷。

在某個一如往常的傍晚，在將放學的女兒載回家後，我就迫不及待拿著球拍前往「開戰」。這邊講的開戰意指和友人比賽；事實上，這種活動能讓人在短時間內爆汗，感覺很棒，而比賽所流的汗和勞動工作的汗也不一樣。

就讀研究所時，我因參加新生盃桌球賽而入選校隊，之後打過兩年全國大專盃甲組球賽，自認實力雖然未達甲組，卻因學校甲組選手太少，被徵召去打甲組球賽。想當然爾，比賽沒獲得佳績，但我依舊長年保持打桌球的習慣。

在這段暢快打球的時光裡，我的手機似乎連響了六遍；但因球場較吵，才沒聽到。回家後看到六通未接來電時心想，對方應該有急事才一直打，於是便回撥過去。對方接起我的來電後，貌似激動地問我：「請問你是譽馨寵物的業者嗎？」

說話的女性希望我幫忙他家的狗狗「處理」後事，於是晚上九點多我便驅車找到了飼主家。看來這家人是在經營早餐店，而我雖已備好裝大體的箱子，卻還是先詢問遺體位在何處。當老闆娘指向旁邊的花盆時，我頓時有點愣住了；她接著說，牠們兄妹前後往生了，也已經火化，骨灰埋在花盆裡；哥哥叫「嚕嚕」，妹妹叫「美麗」。

當時我心想，既已火化，為何還找我處理？在主人的說明下才得知，原來是希望將牠們放在家裡作伴。因為兩隻寵物都養了很久，也對牠們付出多年感情，但最近老闆娘因為常做夢、睡得不好，請示「師姐」幫忙後獲得指示說，希望讓牠們回歸自然，不要侷限在盆栽裡，於是才請我將其帶往灑葬。

因此我將這兩盆樹帶走了。原先我還不知道這兩株植物的名字，詢問後才得知其名叫「裂葉福祿桐」，屬常綠灌木，原產於印度、馬來西亞等地，莖直立、多分枝，側枝細長，小葉呈羽狀細裂，先端銳尖，故以此特徵來命名。

這兩棵樹的鋸齒葉緣葉面濃綠，成熟時由綠轉黃。種子扁平，全日照或半日照均可生長良好，不過以半日照、環境明亮之處生長較為旺盛，若光照不足，易導致莖葉徒長，可見此樹種對於光線變化較為敏感，不適合長於高溫環境，室內、溫暖陽光照射得到的窗邊，或通風良好處應是最適合擺放的地方。

近幾年來，「裂葉福祿桐」已成為流行的室內觀賞盆栽，因其名字含有「福祿」，有富貴吉祥的美好意味，或也因此成為恭賀喬遷、店鋪開張等的首選賀禮，廣受人們喜愛。

於是，老闆娘便請我將這對兄妹安置在寵物陵園；將骨灰帶去灑葬，與許多同伴一起作伴就不會孤單了。世間萬物有始有終，屬於自然規律的一環；於是乎我告訴老闆娘：別太傷心，打起精神吧，明天還要開店做生意呢！

寵物陵園
Graveyard

Story 05

浪浪悲歌——謝謝你出現在我生命裡

這是為一隻流浪貓所寫的故事，沒有精彩的文字和華麗的用詞。雖然只是一隻浪貓，卻是來自我真實的感受。

流浪貓平均壽命只有三、四年，為什麼？因為受到人為環境的影響。牠們是那麼單純，只想要簡單地活下去；只要我們給牠們一點點愛，就可以點亮溫暖。若人類願意珍惜每個來到我們生命中的美麗天使並善待牠們，牠們的壽命就能延長。

可惜的是，可憐的貓貓們看到車來車往，總是很害怕地逃開；雖然民間團體會設法給牠們建造能擋風遮雨、簡易溫暖的窩，但總是無法面面俱到。

這天，一位在寵物店服務的愛心姐姐，早上開店時，發現一隻浪浪躺在角落、已氣絕多時，因於心不忍，就拿了個紙箱裝進箱子，然後打電話給我。當時我正在上課，因為我除了擔任補教老師外白天還有兼課，也曾在學校代課，加上也在中途之家教導學生數學、自然和桌球，因此有時學校也會請我幫忙上課。

更早些年還在學校代課時，因為開了兩間補習班、看似風光，但背後其實有貸款的壓力；因為借了錢就要還，而本金加上利息其實頗為驚人，因此有好幾年都在努力接「課」還房貸；當時年輕有體力可以這樣操勞——每週近三十堂課，一天平均六堂課，學校下課後傍晚再趕去補習班上課。現在雖然沒去學校代課，但受朋友之託，希望我能挪出一點時間，教中途的學生數學、理化等科目。

畢竟中途之家主任希望他們能考上理想學校，我知道他們對學科較沒興趣，更遑論需要一點基礎的數、理了。因此知道自己無法以補習班的方式教學，但也盡可能以他們聽得懂、能吸收的方式為原則；先引起他們的學習動機，有時再穿插一些人生道理，希望多少對他們有些助益。

現在又多了一個話題了——那就是有時我會和他們分享所從事的寵物禮儀服務案例；這時原本準備開始夢「周公」的大家，又馬上被我拉回來了。他們對於這些事情，很有興趣了解，但我總不能一直講故事給他們聽吧，因為這不是我上課的目的；因此雖然很想和他們「喇賽」直到下課，但也不能總是如此。

這一天當我正在上課時，有位愛心小姐姐打電話來說，有隻浪貓在她們店門口往生了，我和她說要等到中午下課後才有空去接小貓咪的遺體。下課後我立刻前往現場；當我看到牠小小的身軀，猜測應該出生不到二個月，但卻這樣離開了世間。此時，我心裡難免不捨，但叔叔會為你禱告，只願你在天堂永遠快樂。

再見了，沒有名字、卻曾經出現在我生命裡的小浪貓！

其實浪浪悲慘的故事是說不完的，因為我處理過太多類似的案件！記得一個星期天的早晨，我接到一通年輕人打來的電話，他說貓咪在他車子的引擎蓋裡往生了。當時我還不清楚確切情況，而對方則說，因為不敢處理，希望我能幫忙。

於是，我準備好工具、紙箱、口罩、手套後便出發了，到了指定地點後發現那是一間洗車場。我的車尚未停妥，便有一位年輕人出來迎接，好像迫不及待請我幫忙似的。

於是，他將帶我去「案發現場」；對方車子的引擎蓋早已打開。我往裡面一看，只見一隻米克斯小貓咪躺在裡頭。雖說浪貓的生活自由自在，看似四處為家，不過食物來源不穩定且居無定所；尤其在缺乏遮風避雨的環境中，天氣變化成了浪貓最大的挑戰，也是每天都需擔心的事情。

在寒冷的冬天，尋求溫暖的浪貓喜歡躲進車子的引擎室，但牠們並不清楚這個溫暖的空間何時會再次啟動，變成可怕的殺貓機器。因為睡覺是貓咪儲備能量的方式，也佔據了牠們大半的時間——就像我們家啾咪，早上五點多天一亮，就像公雞一樣喵喵喵地叫我起床，但因為太早了我沒理牠，但六點半我就不得不起床。

因為家裡有個賴床的女兒，總要我叫她起床，就像啾咪叫我一樣；但冬天時，貓咪為了維持睡眠的體溫和大量體能，會盡可能尋找溫暖的地方儲存能量；所以通常我們停妥車子後，引擎還留有餘溫，且引擎蓋能抵擋寒風和雨水、減少外界干擾，所以對貓咪而言再適合也不過了。這就是為什麼引擎室很吸引牠們，成為貓咪冬天時最佳的睡覺地點。

不過，當浪貓自以為找到合適的睡覺環境時，怎會知道車主下次發動車子的

時間？一旦發車，高速轉動的皮帶、逐漸升溫的引擎，加上大力震動的車體，浪貓很可能來不及跑出來便難逃死劫了。所以，這隻浪浪可能就是因此而慘死在引擎蓋中，且死亡一段時間了。是因為車主一直聞到異味卻不明就裡，直到循著異味打開引擎蓋，才知道浪貓已經死在裡面。

於是，我戴好手套、輕輕抱起牠小小的身軀，一面唸著佛號「南無妙法蓮華經」迴向給牠，並說：「不痛了！來世別再當浪浪了，到彩虹橋那裡找同伴玩吧！」

Story 06 浪浪悲歌——短暫來到世間的小浪貓

平常補習班的課大約從下午五點上課到八點半，因此九點前就可以回家休息。這天不知怎麼，總覺得有事會發生，但我也不以為意。

晚上十點多洗完澡、準備就寢時我接到一通電話，來電顯示為外縣市的電話，本以為是詐騙就不予理會。不過因為電話接連響了幾次，顯示對方打了五次還不死心，我終於忍不住接了。

對方是位女生，她說星期一下午男友送貨時，看到一隻貓咪被前面的車子壓到腳，本來要去救牠，但貓咪卻因為受到驚嚇而跑走了。因為是隻可愛的幼貓，但也只是驚鴻一瞥，因此沒再多想。

隔天再次前往送貨時，她男友似乎看到貓咪的屍體遺落在蘇澳的平交道上，似乎因為被別的的車子不小心撞到。當時那隻貓咪還有意識，但後來可能因為驚嚇過度又失血過多而過世。雖然貓咪不是她男友撞到的，但這位很有愛心的女生很想幫助這隻浪浪，於是打電話請我去看看，並幫牠處理後事。

由於客戶是外縣市的人，加上對宜蘭的路不熟，僅憑一點印象就請我幫忙，我原本要說已很晚了，明天再去看看，但對方一直拜託我。因為我晚上的視力較差、看不清楚門牌，本想就此拒絕，但畢竟我們是服務業，受人之託，忠人之事，對方甚至很有誠意地說，「加錢也沒關係」，但我還是憑良心收費而沒有加價，也允諾對方說，等一會兒準備好就去了。不過話一出口卻又後悔了，因為到蘇澳是最快的方式是開高速公路，而對方只記得貓咪是在蘇澳某平交道附近。

雖然我一方面是為了證明自己是在地宜蘭人而答應，但因為只憑對方記憶就開車前往找尋，還是感覺像是電視節目中的尋寶遊戲般，只憑一點線索就要完成任務。所以才說，答應後馬上後悔了，但還是得去。

我記得，到了蘇澳市區後，有一段鐵路平交道會經過市區，如果沒有的話可能又得前往另一個平交道的路口。於是，我先碰碰運氣，一面唸「南無妙法蓮華經」請御本尊幫我，一面思考從哪裡開始找。

我先開往市區的第一個平交道路口，於轉彎處停好車後，便開始扮起柯南，準備找尋貓咪遺體。我一如往常將該有的保護裝備、手套、口罩準備好，然後在戴好口罩、手套後帶上紙箱就開始工作。

平交道附近的光線有點暗，需用手電筒照明才看得到。剛開始並無所獲，且附近雜草叢生、找尋不易；大約找了十多分鐘、想放棄時，卻又心想，平交道轉角處面積不大，應該沒那麼難找才對。不過如果沒有找到，接下來就要到下一個平交道了。正當我要放棄時、深呼吸了一下，卻沒想到，吸氣時一股怪味傳來，於是便循著這股味道仔細找，終於在不遠處發現了這隻貓咪的遺體。我便喃喃自語道：「原來你在這裡啊！」

走近一看，原來是隻出生幾週的小貓；再近一點看則發現，牠的身體長蛆了，也開始發臭；可憐的牠出生不到幾週就往生了。因為我常處理浪貓的後事，而所見的遺體慘狀，僅以肚破腸流、臟器外露形容應該也夠駭人的了。加上這些照片並不適合這本老少咸宜、帶有教育意義的書中，僅希望藉由此書喚起大家對浪浪更多的認識，並注意到牠們的存在，因此相關細節便不再贅述。

在此同時，我唸佛號並將之迴向給這隻浪浪，告訴牠來世別再當浪浪了，安息吧！然後，我小心翼翼地捧起牠瘦小的身軀，將其裝進紙箱、載回去冰存，隔日再前往火化登記。

當我找到遺體後，立馬回電給對方，請她放心，並說明我已經處理好了。對方也回傳訊息、向我道謝；並回說不安的心終得以放下。在我開車返家的路上，雖然燈光昏暗、心裡也有點難過，但也一面開車、一面和這隻往生的貓咪對話。我和牠說：「不痛了，叔叔幫你唸經，希望來世別再當流浪貓了；轉世投胎到好人家中吧！」

流浪貓的生命無常，我由衷替牠們感到難過與不捨！

▲載完浪貓遺體回家時已是凌晨了。

Story 07 浪浪悲歌——被路殺的浪貓不再痛了

另一個讓我頗感難忘的浪浪故事，則是發生在某個週日傍晚，大家忙著趕回台北、早點調整心情，以因應星期一討厭的上班日之時。

然而，在這車來車往的途中，誰會留意到「你」被撞到呢？或許當下的你只是骨折或擦傷，這時如果趕緊送到動物醫院或許還有救；但時間就這樣一分一秒過去了。你的血汩汩流出，生命也慢慢流逝；當時的你可能已經沒力氣爬到更裡面的地方或草叢邊休息，只能任憑血一直流，直到往生為止。

你原本所在的郊區，應該是個人人愛來散步、踏青休閒的好地方，但因為地圖太方便了，導航會指引車主走哪條路最有效率，但對你而言，這就像是條不歸路。你往生後不知多久，終於有對有愛心的情侶在開車時看到了你的遺體，因此上網找到叔叔的電話、打來給我。

我和他們說，因為人在外面，回公司準備工具，大約也要一小時後才會趕到；但他們說願意等。聽他們這樣說，就知道對方是很有愛心的愛貓人士了，所以我盡快回公司、準備好紙箱就趕去，卻怎麼也沒想到，開車的人竟然都往這種鄉間小路開過來。不過，從這邊再往前不遠就是高速公路了，因此語音導航告訴大家，北上的車走這條捷徑最快。

當我看到你的時候，猜測你應該有十來歲了，可能五年前還沒什麼車潮時，你可以在附近的鄉間小路快樂漫步，或許旁邊土地公廟的阿伯阿嬤們，還會親切地摸摸你、餵食物給你。誰知交通日趨便捷後，便開始有許多車呼嘯而過；你變得只能躲躲藏藏。也或許在更久以前，你是隻快樂的小浪貓，想睡哪就睡哪，想去哪就去哪裡吧？

這也讓我想起，十幾年前就讀二技時，天天騎摩托車經過這條路；那時每天都很悠哉地哼歌騎車。下課後若時間還早，就會在附近魚塭旁的小河釣魚，不論是否釣到，心情都很快樂。

其實學生時代是最沒壓力的，很多學生求學時都覺得讀書很辛苦、壓力很大，但等自己出社會後才知道什麼是壓力：除了承受被老闆、主管罵的壓力、業績壓力，還得擔負家裡的經濟壓力等，這種時候壓力才真的將你壓得喘不過氣來。

若你問我，求學期間成績如何？我會說，專科之前的成績都很普通。在父母呵護且有去補習的情況下，成績還是很普通。因為當時覺得讀書是無趣的，但出社會工作幾年後，因想再升學才再去考二技；雖然比班上同學年長了一些，但是基礎還可以，也想認真讀書，所以成績都名列前茅。

不過，由於班上想升學的同學較少，我又比班上同學年紀稍大，因此看到同學們玩心較重，便覺得不能就這樣「混」到畢業，於是興起考研究所的念頭。因為我是第一屆的「老」學生，這所學校過去無人應屆報考研究所。但我下定決心後努力做考古題。即使當時的宜蘭沒有補研究所的補習班，也不可能到台北補習；之後我靠自己自學，報名考了三間研究所，三間都考上後，心中無比興奮。

因為過去每天都會騎車經過這條路。在這條路上，你不是第一隻被路殺的浪浪。早些時候，在這條路上的一間早餐店旁，店裡老闆娘也曾打電話請叔叔來收一隻貓咪的大體。她說，這隻小貓被撞到後，原本還活著，一跛一跛地爬到電線杆旁。老闆娘也有將其送到動物醫院、請獸醫醫治，可惜後來還是傷重不治。

這位早餐店老闆娘也是愛貓人士，自己也收養兩隻浪貓。她憶起當時的情況時說，如果那隻受傷的貓咪能救活的話她會收養，但最後仍被獸醫宣告不治。說到這裡，讓人更難過了。畢竟這條路是我少時每天必經的「求學之路」。然而拓寬之後，從兩線道變成四線道，汽車或機車的車速都更快了。雖然有設置測速照相機，但浪浪如果衝出來，來不及煞車的可能性也很大，因此只希望大家開車的時候多加留意路況。誰會知道，平日看似沒什麼車的小路，假日竟有多隻貓咪在這裡被路殺。

Story 08

浪浪悲歌——在公路上被連續撞擊而往生

浪浪悲傷的故事不勝枚舉，但這天發生的事卻讓我永生難忘。

因為那天連續接獲三個通報案例，此外還發生一起國內重大事件。聽聞這些消息後我深感震驚、難過。其實以往我幾乎每個月都會到花蓮走走，但蘇花改未通車之前，一定搭火車而不敢開車。因為二〇一〇年曾發生一起嚴重的翻車事故。記得是在十月份吧，那時蘇花公路因梅姬颱風在蘇澳鎮降下暴雨，導致山壁坍方，一輛遊覽車則在被落石擊中後墜海。

▲浪浪問題需要你我的關心。
（感謝宜蘭縣浪孩協會提供照片）

事發當時，蘇花公路在113至115公里處共有十二團大陸旅客。此次事件造成二十名大陸籍團員死亡，連同本國國人共二十六死。此外，還在外海尋獲兩名陸籍團員遺體，其餘則未能尋回，可謂死傷最嚴重的大陸赴台遊客交通事故之一。因此，若不得已，真要開車經過那段路時，我都特別謹慎小心，並唸「南無妙法蓮華經」以保佑自己平安通過，否則則會盡可能坐火車，才覺得比較放心。

但近年來，台鐵經常發生重大事故。前不久，才發生蘇澳新站的火車出軌，造成多人傷亡，讓我對台鐵又愛又怕。這天又聽聞台鐵發生嚴重事故、傷亡人數很多，讓人心中無比沉重。

那天，台鐵太魯閣號在花蓮大清水隧道出軌，導致車廂變形、車頭被削掉一塊，整個車廂被撞成像是廢鐵一樣。因為我看過朋友傳來的影片，實在慘不忍睹，死傷慘重，報導中都把矛頭指向停在邊坡施工整治的工程車竟不明原因溜到軌道上，導致疾駛而來的太魯閣號猛烈撞上，讓無辜旅客瞬間喪命，更悲慘的是近五十名乘客從此再也無法見家人一面。

那天原本也是風和日麗、適合出遊的一天。旅行的遊客多帶著愉快的心情出發，同時也是適合追思祭祖的日子。因為老妹下午才從台北開車回來，全家相約一起去掃墓。歷年來，我們的家族掃墓始終不變，這是因為相當重視飲水思源、慎終追遠的傳統。畢竟沒有祖先就沒有我們。

那天早上，我先和好友相約爬山，九點多回家後，接著開車前往車廠保養，正所謂「工欲善其事，必先利其器」。過了中午，我正準備回家時，接二連三的電話打來了，讓我有些措手不及。就在此時，我又聽聞台鐵發生出軌重大事故。

清明連假首日就發生這麼嚴重的災難，叫家屬情何以堪呢？因為發生這樣的事，加上連續接了三隻往生的浪浪。

▲浪浪問題需要你我的關心。
（感謝宜蘭縣浪孩協會提供照片）

在我接到牠們遺體的時候，聽聞這些愛貓人士的描述得知，幾乎都是因為被撞到而往生。

甚至還有一位民眾說，他看到浪貓被車撞了二次，那麼小的身軀怎禁得起這樣的撞擊？要救牠也已來不及了，只知道那種痛難以言喻，所以再次呼籲駕駛朋友，開車一定要小心路況！也希望這些台鐵往生者和因為交通事故而失去生命的浪浪能夠安息。我們在此唸佛號迴向給你們，祝福早日離苦得樂，往生淨土！

因為我服務的是毛孩的身後事，有時心有餘力，也會捐款或物資給民間浪孩團體，例如：「宜蘭縣浪孩協會」是我最常去的地方，有時到協會去，也會遇見許多愛心志工及熱心民眾，並深深感佩其捐贈物資及志工無怨無悔的付出。

這段時期，也常看他們帶獸醫前往實施浪浪TNR節育計畫，或在接獲通報時前往救助被捕獸夾夾傷或因山豬吊[2]而受傷的浪貓、浪狗，將其帶回來請獸醫

2 是用金屬及不銹鋼製的纜繩做成的陷阱，亦可自行製作。其成本便宜，造成的傷害很大；從小型動物到大型的山豬、熊類等都會因而受重傷；如下頁圖所示，狗狗因山豬吊而受重傷，目前專家還在研議禁止與否。

醫治。每次看到那些四肢受傷或骨折、斷腿等畫面時心裡都會分外不捨，所以我會不定時關心他們，也幫他們宣傳，希望民眾有錢出錢，有力出力。

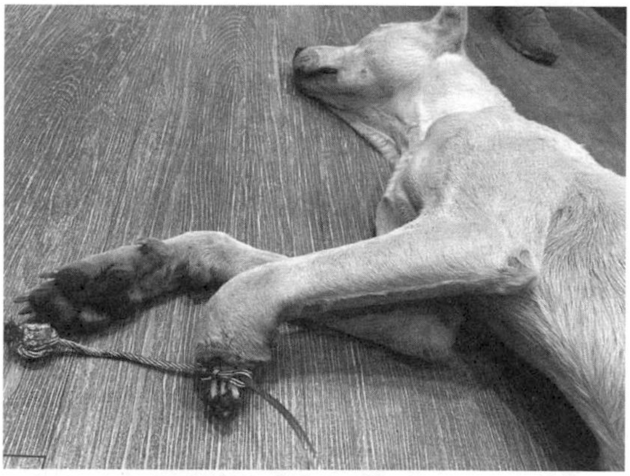

▲因山豬吊而嚴重受傷的浪浪。
（感謝宜蘭縣浪孩協會提供照片）

浪孩協會需要的物資用品

▲浪貓飼料屋。

▲誘捕籠。

▲餵食浪浪的食物。

（感謝宜蘭縣浪孩協會提供照片）

PART 2

特殊案例

Story 09 生前契約

這位飼主吳小姐在我開業沒多久，就和我簽訂「寵物生前契約」。是的！你沒看錯，寵物也有生前契約，不是只有人的殯葬禮儀才有。

寵物生前契約，就是寵物在世時所簽的「生前殯葬服務契約」，意指消費者於寵物在世時，向禮儀公司預先購買往生後的殯葬物品與服務，並由消費者與禮儀公司簽訂契約。寵物往生之後，則由該禮儀公司履行契約內容。

消費者可以選擇與決定，往生之後的殯葬禮儀物品及服務；既免除了對未知與不確定的恐懼，也可預先選擇決定，寵物的身後事如何辦理。

飼主當時心裡是這麼想的。畢竟她的狗狗可能年紀大了，常生病且久久不癒，因為治療到末期時飼主不得已，開始考慮是否該安樂死，但最後還是無法下定決心。

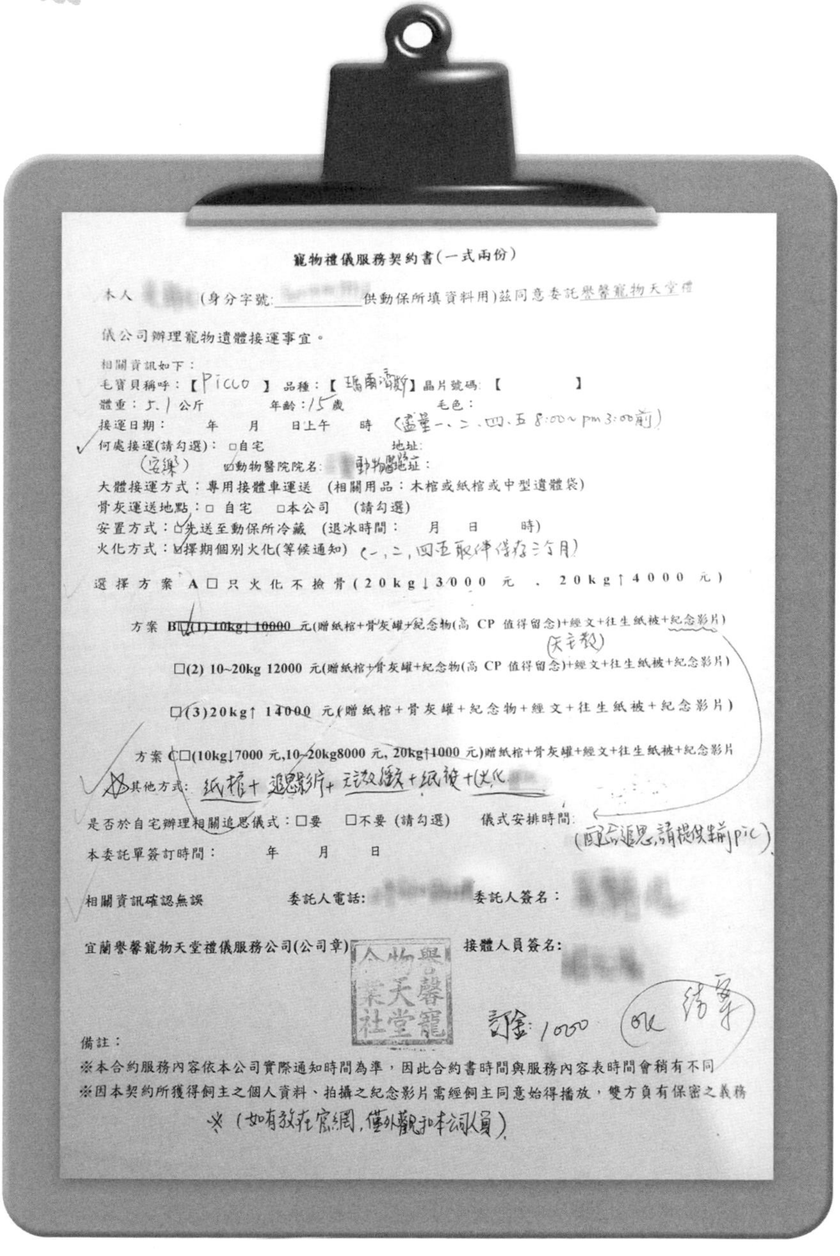

寵物禮儀服務契約書(一式兩份)

本人 [redacted] (身分字號: [redacted] 供動保所填資料用)茲同意委託譽馨寵物天堂禮儀公司辦理寵物遺體接運事宜。

相關資訊如下：

毛寶貝稱呼：【Picco】 品種：【瑪爾濟斯】 晶片號碼：【 】

體重：5.1 公斤 年齡：15 歲 毛色：

接運日期： 年 月 日上午 時 (盡量一、二、四、五 8:00~pm 3:00前)

何處接運(請勾選)：□自宅 地址：

☑動物醫院院名：[redacted]動物醫院 地址：

大體接運方式：專用接體車運送 (相關用品：木棺或紙棺或中型遺體袋)

骨灰運送地點：□ 自宅 □本公司 (請勾選)

安置方式：☑先送至動保所冷藏 (退冰時間： 月 日 時)

火化方式：☑擇期個別火化(等候通知)

選擇方案 A □ 只火化不撿骨(20kg↓3000 元 ，20kg↑4000 元)

方案 B □(1) 10kg↓ 10000 元(贈紙棺+骨灰罈+紀念物(高 CP 值得留念)+經文+往生紙被+紀念影片)

□(2) 10~20kg 12000 元(贈紙棺+骨灰罈+紀念物(高 CP 值得留念)+經文+往生紙被+紀念影片)

□(3)20kg↑ 14000 元(贈紙棺+骨灰罈+紀念物+經文+往生紙被+紀念影片)

方案 C□(10kg↓7000 元,10~20kg8000 元, 20kg↑1000 元)贈紙棺+骨灰罈+經文+往生紙被+紀念影片

其他方式：紙棺+追思影片+ +紙被+火化

是否於自宅辦理相關追思儀式：□要 □不要 (請勾選) 儀式安排時間：

本委託單簽訂時間： 年 月 日

相關資訊確認無誤 委託人電話：[redacted] 委託人簽名：[redacted]

宜蘭譽馨寵物天堂禮儀服務公司(公司章) 接體人員簽名：[redacted]

譽馨寵物天堂社合業

訂金：1000 OK

備註：

※本合約服務內容依本公司實際通知時間為準，因此合約書時間與服務內容表時間會稍有不同

※因本契約所獲得飼主之個人資料、拍攝之紀念影片需經飼主同意始得播放，雙方負有保密之義務

▲寵物生前契約。

同時因為狀況並未改善，於是也停用了之前服用的藥；沒想到停藥之後卻多活了四個多月。

這段期間，我也持續用電話、簡訊問侯和關心，就這樣持續了一段時間，也覺得牠的狀況一直都還不錯，甚至還主動提出是否先解約，但飼主覺得，簽約是一種保障，所以堅持不要；也讓我覺得受到信任而感動。但沒想到，最後在二月初時，其病況急轉直下。

某天，我接到了吳小姐的電話，說Picco狀況又不好了；從羅東的某動物醫院轉至規模設備較為完善的醫院。

此時的這通電話讓我的心糾結了一下，彷彿回到父親病危時，很害怕醫院打來說，父親狀況又不好了。那時我常跑醫院探視住在安寧病房的父親，所以這個場景彷佛看到親人生病般地痛苦和難過。

等到中午補習班下課後，我就趕去醫院關心。到了醫院後，看到Picco在保溫箱裡，用較好的設備維持牠的生命跡象，直到狀況稍微穩定；吳小姐也不好意思耽誤我太久，要我先回去休息。

這段期間進出醫院好幾次，當我看到家屬幫Picco辦理出院手續並偷瞄到帳單時，自己也嚇了一跳：才一晚就要好幾千元的費用！（可能還要加上住宿、醫療等費用吧，希望我當時看錯）

所以奉勸各位，如果家裡經濟狀況不許可，養寵物之前一定要三思。就像生兒育女一樣，養了就有責任照顧牠。但和照顧小孩不同的是，小孩成年就可以自我照顧，未來兒女甚至還可能照顧逐漸年邁的自己，但養毛小孩卻是一輩子的事。

牠們越到老年，越需要你的照顧。我常在流浪動物之家或動保協會等單位看到，毛小孩老了或年紀大了，就被隨意丟棄在收容中心，因此覺得這些人很不負責任。

動物小時候很可愛，你就捧在手掌心、整天抱啊抱；如今年紀大、跑不動了，或不如當初那樣可愛了，就隨意丟棄。做人應該將心比心，因為自己有一天也會老，屆時，你會希望自己的兒女這樣對待你嗎？

話說回來，因為這段期間Picco進出醫院好幾回，家人們也已有心理準備了。所以某天當飼主在電話那端告知，牠在醫院往生了。我聽到時有點錯愕，但心態也趕緊調整，於是便稍作整理，也把裝箱的保潔墊、手套、膠台等用品準備好，就前往醫院看牠。

到醫院時，Picco已被動物醫院用別間業者的紙箱裝好。但心裡總覺得怪怪的。我知道這不是家屬的意思，於是心想，醫院為何不找我這名「在地」的業者，可能他們不知道吧！因此決定改天再來拜訪。

於是，我坐在安寧室內，一面安慰飼主，一面看著別家業者的紙箱，心裡感到很矛盾。但此時，哀傷的氛圍大於這些雞毛蒜皮的事。

看到飼主一個人坐在安寧室裡低頭、難過不語，我一面安慰對方，也和Picco說說話，就在等待家人們到齊後，畢竟主角不是我，我便退到後面，讓他們和Picco一一道別。

從未在動物醫院待如此之久的我，應該待了超過三小時了。如果換算教課的鐘點，著實划不來。但我們以服務為目的，能讓客戶滿意才最重要。

▲2021年2月18日火葬禮。呂若瑟神父以天主教的儀式為Picco灑聖水，並唸《聖經》祈福。

空檔時又有其他家屬問我，我是紙箱上面寫的這間公司服務人員嗎？這一問，再度傷及了我幼小的心靈，我再次回答No！心想，回公司的第一件事，一定要先將你換到又大又舒適的箱子，下面再幫你鋪上比之前更好又綿軟的護墊，讓你躺得舒服才是。

火化那天，所有人都到了。此時多了一位長者，原來是宜蘭聖母醫院的董事長呂若瑟神父親臨。他用天主教的儀式幫Picco灑聖水並唸經文祈福，這是我第一次看到寵物的告別儀式竟如此莊嚴隆重。

火化後隔天，我們又一起到寵物陵園做灑葬儀式。大家一起唸祈禱經文，並在祈禱後，把骨灰灑在花圃中。在飼主家人們向我道謝後，也將Picco骨灰取一小部分做成不凋花，以茲紀念。

不凋花又稱「永生花」，也名「不老花」、「保鮮花」、「生態花」等，是將鮮花經過特殊保存加工處理後做成的「永生花」。其具有宛如鮮花的外表，但保存期限更長，且不需澆水、照顧保養，被形容是永遠保持最美麗的狀態，代表對方在自己心中永恆的地位。

比喜歡更深的是愛，比愛更重要的是你，永生花不僅僅是守護愛情的象徵，也可以守護親情、友情，意即守護心中最重要的那個人，彼此之間永不凋零的承諾與感情，不會隨著時間流逝，就像永遠留存在記憶裡那樣鮮明。

這個案件圓滿落幕了，應該也可以算是我開業以來遇到的特殊案例吧！

呂若瑟神父簡介

生於義大利，曾任義大利靈醫會神父，長期服務於台灣宜蘭縣，並於澎湖與宜蘭成立惠民啟智中心、聖嘉民啟智中心，為「第三十屆醫療奉獻獎」得主，並擔任羅東聖母醫院董事長。他曾為遭武漢肺炎肆虐的義大利故鄉募款，在台灣六天內募款破億，其愛心不落人後，值得表揚。

下一頁開始是呂若瑟神父為Picco寫的告別文，已徵得本人同意收錄在本書中，特此感謝。

用聖方濟的愛 為寵物舉行最後的告別

呂若瑟神父

二〇二一年二月十八日那天，我為牠舉行天主教禮節的火葬禮，寵物名字叫Picco（瑪爾濟斯），主人養了牠十四年，從一開始就把牠當成家裡的一份子，牠很可愛也獲得了全家的愛、照顧及關心，在今年過年前（二月九日）因為天氣變化及年齡太大，回到了天主懷抱。

以前我研究很多關於聖方濟怎麼接近及愛護自然界的動物，他稱呼牠們為兄弟姐妹。一一八二年聖方濟在義大利的亞西西出生，爸爸是一位有錢的商人，不過在一二〇六年他放棄父親留下來的財產，把自己獻給天主。他的特點是謙虛、謙卑、過一個窮苦的生活，他最大的榜樣是愛，不但是對人的愛，對大自然界及對寵物的愛也勝過一切。為了尊重大地，他一生茹素，只吃麵包、菜及雞蛋。

他最為人廣為流傳的故事是「古比歐的大野狼」，當時義大利中部有座名叫「古比歐」的小城，經常遭受野狼襲擊。居民不堪其擾，想盡辦法武裝對抗，卻都沒有成功，反而讓雙方的仇恨越演越烈。有一天，亞西西的聖方濟來到古比歐聽說了這件事，並深感同情，便自願去找野狼談談。他拒絕接受任何武器，空著雙手，向天祈禱後隻身上路。

方濟出了城，以兄弟之稱呼喚野狼；而那原本兇狠的野狼，竟也柔順地回應，溫和得就像一頭尚未離乳的小羊羔……。這個故事，卻完全顯露了方濟良善謙和的心。他既不依附強者，也不偏袒弱者；固然同情受害的居民，卻也對那頭作惡的野狼充滿憐憫之心。因為，在方濟的眼中，無論是人或動物、花草樹木、山川江河、日月星辰……無一不是兄弟姐妹，無一不是天主「愛的作品」；而上主所造，樣樣都好。

因此，他既願意站在人的立場，為牠們解決問題，也渴望與狼兄弟將心比心，一起找出牠攻擊人類背後的原因。

每年十月四日是慶祝聖方濟的節日（他是義大利的主保及寵物的兄弟），因為這樣，在火葬前，我建議為牠取一個聖名——方濟佳。二〇二〇年十月三日，我們的教宗方濟各在亞西西頒布了一套新的《眾位弟兄》通諭，眾位弟兄包括人及所有的生物。

教宗方濟也在二〇一四年的講道中說，我們有一天也會看到我們的寵物與耶穌在一起，證明寵物也有一個天堂。愛的能力沒有差別，誰愛動物也愛人，誰沒有愛，連動物和自己的人也不愛，因為Picco的死亡，主人原本心裡很難過無助，但因為我給予他一些聖方濟的相關經文，要他每天都為Picco祈禱，他感覺到原本心裡的難過藉由祈禱，轉化為祝福的心。特別在火葬禮結束後，他感覺到一種喜樂，相信總有一天能夠再與方濟佳見面。

在二月二十日，也就是過年後的星期六，我也特別為方濟佳舉行安葬禮，地點是在福園寵物陵園，我很高興看到他們全家都來參加這個儀式。顯然他們很愛護方濟佳，讓承辦的響馨寵物天堂禮儀業者也很感動，得知天主教多麼重視及愛護動物。

同時安葬禮結束後，就將牠的骨灰撒在福園內，並祈求天主降福安在福園內的所有動物及人們，藉著這個禮儀的舉行，給予主人們對信仰有新的體驗及新的力量。他們相信，在天堂有這位很慈祥、很值得愛的方濟佳，可以繼續為家人們祈禱和保護，牠永遠會活在大家的心中。

下面是當我們的寵物生病時，可向聖方濟祈禱的祈文。藉由聖方濟的代禱，祈求天主減輕牠們的痛苦與天主在一起。希望藉著這件事情讓大家學習如何愛以及接近自己的寵物，並準備未來可能發生的事。

為我們的寵物向聖方濟祈禱

美善的聖方濟，你愛天主所有的創造物。
為你來說，牠們是你的兄弟姐妹。
請幫助我們去跟隨你的芳蹤。
善待每一個生命。
動物的主保聖方濟，
求你看顧我的寵物，
並保守我的同伴，使牠安全和健康。
阿們。

為患病的動物祈禱

天上的父親：
你為了你的光榮而創造了萬物，
並委派我們成為受造界的管理員，若符合你的旨意，
求你讓這受造物恢復其健康和力量。
主，天主，你是應受讚美的，你的名字永永遠遠是聖的。
阿們。

為我們的動物朋友祈禱

（為患病的寵物作九日敬禮，連續九日誦念以下禱文）

天上的大父，我們與其他物種的關係是奇妙的，也是你給的一份特別的禮物。現在我們求你賜我們動物同伴父親般的照顧，並賜給牠們痊癒的力量，驅走牠們任何的痛苦。

請光照牠們的人類朋友，就是我們，對你創造物的責任有份新的理解。牠們相信我們，正如我們相信你；我們的生靈與牠們的一起在這地上，有彼此的友誼、情感和照顧。

求你悅納我們由衷的禱告，並讓治療的神光和力量充滿你患病和受苦的動物，使牠們能跨越在其身上的所有疾病。

（在此講出需要為牠們祈禱的動物的名字。）

你的美善是向所有生物開放，而你的恩寵也流向你所有的受造物。

美善也從我們的心靈流向牠們的生靈，你的愛反映並觸碰我們每一位。請賜給我們這些特別的動物伙伴悠長和健康的生命，並使牠們與我們有好的關係。若有一天你要從我們當中收去牠們的生命時，請幫助我們明白牠們並不是離我們而去，只是更接近你。美善的聖方濟亞西西，透過你所有的創造物來頌揚你，藉由他的代禱，求你俯聽我們的祈禱。請賜給聖方濟一份力量去看顧我們的動物朋友，直至牠們在永恆中與你安全一起。

但願我們有天也在永恆中，與牠們一起永遠地頌揚你。

阿們。

二月二十日過年後的星期六，我也特別為方濟佳舉行安禮……。

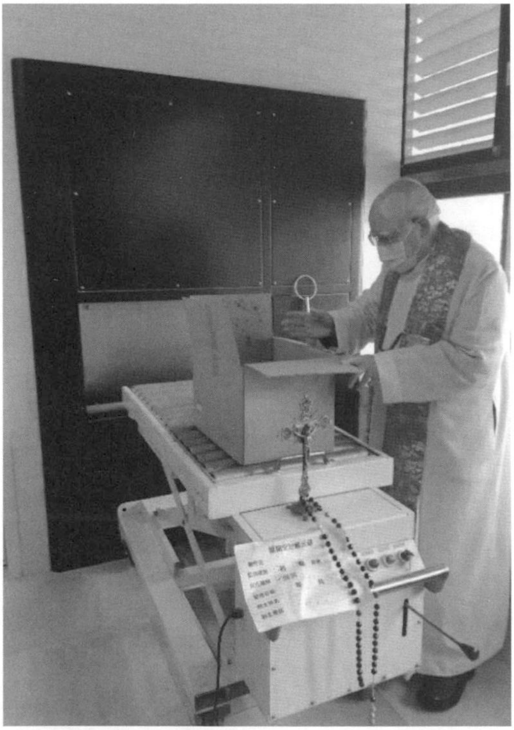

▲呂若瑟神父和家屬為Picco舉行告別儀式。

Story 10 服務過最小的寵物——鸚鵡

在某個星期天接近中午時，住在市區的一位小姐打電話來說，他們家的鸚鵡往生了，希望我能去處理。原以為是隻體型較大的鸚鵡，例如：金剛鸚鵡等，但詢問後才知道是小型的鸚鵡。到了現場後，飼主已將其裝箱、拿出來給我。我一看，竟是小小隻的和尚鸚鵡。

和尚鸚鵡是種中小型的鸚鵡，原產於南美洲阿根廷與鄰近國家的亞熱帶至溫帶區域。不過，在台灣算是常見的飼養鸚鵡，如果逃脫、飛走了，會再形成野生族群。事實上，牠們廣布於全世界，在許多國家都已經造成外來種問題（但在台灣，我倒不覺得是問題）。

▲和尚鸚鵡。（示意圖）

和尚鸚鵡的胸部與前額為淡灰色，但這位飼主養的胸部是淺綠色，翅膀是白色；尾巴細長，喙為淡橘膚色，鳴叫聲大而沙啞，體重約一百公克。養鳥及賣鳥經驗豐富的店老闆說，被人飼養的和尚鸚鵡，原本綠色的部分可能變成白、藍、黃等其他顏色。但因為缺乏保護色，這類顏色改變的品種在自然環境下容易被捕食，所以再進到野鳥的群體中時，大多還是變回與野生種相同的綠色。

在南美洲的巴西、阿根廷與烏拉圭，和尚鸚鵡被視為危害農作物的主要害鳥，但在台灣卻被當寵物飼養，待遇差很多吧！野外的鸚鵡會用樹枝築巢，而非直接以樹上的孔洞當巢穴，且牠們是群居的鳥類，聽說智力較高，說話能力也不錯。

不過，所謂智商高，還要看是和何種鸚鵡相比。因為鸚鵡也分成很多種，有些被當寵物養時，能記得一些簡單的語言；通常出生兩個月左右，就可以開始教牠說話了。在台灣，有些鸚鵡因為這樣而成為很受歡迎的飼養品種。

這位主人因為很疼牠，才委託我好好處理牠的後事。可見寵物不分大小，在主人心中永遠是寶貝。我本身也喜歡養較嬌小的寵物，因為可以放在掌心觀賞、逗牠玩，讓人覺得蠻有趣的。

小時候養過的白文鳥，至今印象仍很深刻。某天早上正要出門上學時，發現有隻白文鳥在陽台，雖然原本不認為牠會飛過來，還是童心未泯地頻頻吹口哨說：「過來啊！」豈料，牠竟真的飛到了父親的肩膀上！看到這一幕的我們又驚又喜，也因為家中已有養一隻鳥，就順勢將牠帶回家和另一隻作伴了，很神奇吧！

其實鳥類也有靈性，不要因為小小隻就覺得牠們不聰明。這是錯誤的認知。

Story 11 松鼠也是寵物

通常我接到案子的時間以週六、日居多。不知是什麼原因，畢竟生死本就無法掌控。這天接到的案子在蘇澳，對方說是隻松鼠，雖然好奇居然有人把松鼠當寵物（自認松鼠是野生小動物），但還是前往接遺體，這也算比較特別的案例吧！

總覺得原本在樹上跑來跑去的松鼠，應該不好飼養。在此不建議飼養的原因是——養這種特殊寵物的人較少，如果身體出狀況，飼主有無能力照顧或獸醫能否檢查出問題、進而對症下藥可能會是個問題。如果是跟寵物店買的松鼠，店家是否足夠專業地告知飼養方式也很重要。聽說人工繁殖松鼠並不簡單，這也跟松鼠的天性有關：獨居、領域性強。聽說公松鼠要彼此打架，贏的再跟母松鼠打一架，最後打贏才有可能交配成功。

這位飼主說，他是在自家後院發現這隻松鼠的。因為看牠受了點傷便收養了，養了三年多才往生。其實松鼠的壽命還算長，如果照顧得好、在戶外活動力強又沒有天敵，壽命聽說可達十年以上；或許因為開始養時已是成年松鼠，所以僅僅如此。成年松鼠理應較不親人，但飼主說牠蠻乖的，給牠食物就乖乖地吃，只是松鼠的體味較重。我問她如何清洗，畢竟只能關在籠子裡，一放出來就很難再讓其回到籠中。飼主回說，以前曾經放牠出來，以為在客廳裡應該沒關係，豈知牠就像我們在野外看到的松鼠一樣矯健輕快，非常敏捷、機警且難抓，所以飼主費了好大的功夫，才誘捕回籠，此後就不太敢再放出來了。

野外的松鼠不像田鼠會躲藏在地底下；經常在高處活動，像鳥類一樣住在樹上，在樹林裡跑跳來去，且只喜歡在高大的樹上。天氣晴朗時，可以聽到松鼠在樹上跳著、叫著、互相追逐的聲音。但牠們十分警覺，只要有人稍微在樹根上動一下，就會從窩裡跑出來、躲在樹枝底下，或逃到別棵樹上去。

若有人執意要養，聽說一至二個月的小松鼠最適合，基本上，不用訓練就會和主人親近；成年的大松鼠需經過長時間的訓練，但大部分也會和主人建立感情。訓練松鼠最好用手直接餵食，讓松鼠知道牠每天吃的東西是主人給的。剛剛說過，因為松鼠行動敏捷，所以若家中有高檔或昂貴物品，又想養松鼠時請三思，因為牠的牙齒很有力，連堅硬的果實也咬得下去。我就暫時先寫到這裡，若有興趣養的，等我找齊資料後再補充。

總之，養特殊寵物就看緣分了。我承認我不會養這種特寵，因為實在不知從何照顧起。以前我養過三線鼠或布丁鼠，覺得好養，但松鼠還真的沒養過。

▲松鼠。（示意圖）

Story 12 火化時間不等人喔！

每次安排個別火化時，我都會提早二十分鐘到，目的是為了有充裕的時間準備和聯絡。但那天，原本火化阿伯說十點半要火化，家人也大致到齊，但最重要的那位主人，卻因為早上才從外縣市趕回來，路上塞車，到現場時已經遲到二十分鐘。但這不是理由吧！畢竟前兩

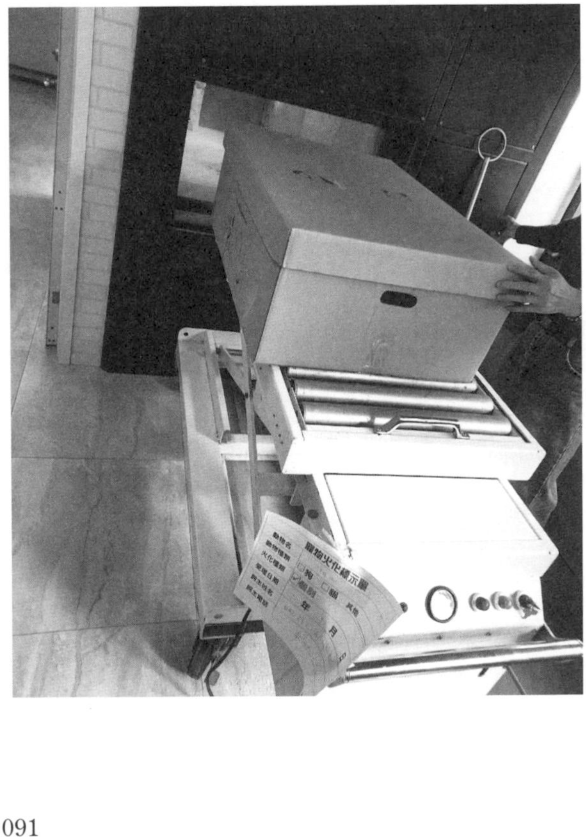

天已經通知了，理當可以提早準備才對。遇到這種事情會害我被阿伯唸，因為下一場火化的人也來了，這會讓他很為難，因為阿伯會被投訴，到時如果害他因此丟了工作，我真的是罪人啊！

這就讓我想到，同樣的情況如果發生在日本，應該連看到寵物火化的機會都沒有，進而感到後悔莫及。日本人似乎是全世界最守時的民族，據說他們很討厭遲到，約幾點到就會幾點到；火車、公車也是準時到站。因為對他們來說，守時是基本禮貌，也代表一個人是否受到尊重。若你看重這件事、重視對方，你就不會遲到。

事實上，日本社會還有「十五分鐘」的默契原則，無論約會、拜訪客戶、會見朋友或媒體採訪等約定，都會提前十五分鐘抵達會場附近，並根據約定的時間準時出現。這關鍵的十五分鐘，除了可以讓你靜靜準備即將到來的面談內容，更可以確保自己不會遲到，建立起雙方的信任感。

我喜歡打桌球，每次和別人約好時間，都會提早五至十分鐘到，因此朋友說因為我有守時觀念，而喜歡和我約打球。我不喜歡別人遲到，總覺得這是尊重。

雖然不會因為對方遲到而當場罵人，但心裡會想，下次可能就不太想約你了。記得有位朋友很重視守時，有次他和朋友約打球，對方遲到了，他沒問對方為什麼就破口大罵，還說對方一輩子只能當個小警衛沒出息。四十幾年的友情，就因為這句罵人的話而決裂了。

我覺得破口大罵太嚴重，但習慣遲到的人表示不重視對方，或認為某件重要的事無關緊要。因此自從這件事過後我都再三和飼主強調，一定要準時到！因為毛小孩一定準時火化，若沒能送牠最後一程也不能怪我，只能怪自己沒有時間觀念。

Story 13 這算彌補嗎？

這也算是特殊案例吧？在寫這篇之前，已創下我個人服務案件以來的幾項「第一」了。也許你會想好奇的問我，難道是服務以來，寵物「體重」的第一嗎？還是體型比之前「和尚鸚鵡」更小的寵物，例如倉鼠或布丁鼠等等？

其實都不是，因為沒遇過的寵物，也可以算「第一次」吧！從晚上（十一點多）服務到「隔天」（十二點多）也算另一個「第一次」。還有，「第一次」服務到同一位飼主。看到這裡，你也許會噓我說：這樣也要寫……。但這個案件真的有很多項沒遇過的事。

好啦！進入正題。其實開業之初，可能有些客戶感到好奇新鮮，所以我接到了許多特別的詢問電話，但最後都不了了之。有人打來問：「有幫他們家養的烏龜處理後事嗎？」或者：「有幫他們家的魚處理後事嗎？」更有朋友說：「養的獨角仙走了，可服務嗎？」我都這樣回答：如果你當牠是寵物，想幫牠做殯葬禮儀的服務，我都可以配合。不過，如果是很小型的寵物，如獨角仙往生的話，建議埋在花盆或土裡即可。這天，我要去接的萌寵是隻「刺蝟」，而在此之前，發生了一件有趣的事。

記得那天早上才剛睡醒就接到對方來電說，她養的刺蝟往生了。當時的我不知是剛睡醒或腦袋不清楚，腦海中竟浮現了「穿山甲」的畫面，於是就以這種等級的重量報價給對方。對方一聽這麼貴，馬上就要掛電話。其實如果真的是穿山甲，我報的價格反而很便宜，因為穿山甲可能重達十公斤以上，只是對方還是覺得貴。就這樣，我錯過了與刺蝟的初次相遇。

事後告訴友人，他們笑我說，穿山甲和刺蝟體型差這麼多，怎麼傻傻分不清楚。但收費價格一定是穿山甲較

▲穿山甲。（示意圖）

▲刺蝟。

高，而我的報價只比刺蝟多一點，竟然還被嫌貴。你就知道在宜蘭從事寵物禮儀，秉持服務態度就可以了，別想會多賺什麼錢。同時如果你有家庭、小孩等經濟重擔，千萬別把這個當正職；因為我是抱著服務的精神所以沒太在意，並認為能讓我服務的飼主就是有緣。覺得我收費高也好，我服務不錯也罷，我都心存感謝。

總之，我做好本分、問心無愧就是了。雖然這是題外話，但因為每次火化阿伯都會問我如何收費，我因為是合法公司、有公定價、不怕人知道，也就告訴他了。只是阿伯聽完後就說，誰誰誰的價格多我好幾千，我收太便宜了。聽到這些，我也不以為意。因為我憑良心收費，有緣則來，所以別再笑我「穿山甲」和「刺蝟」傻傻分不清了。那次我是真的睡眼惺忪，還沒清醒啦！下次不會再犯。

但如果真有穿山甲的案子，到底能不能接呢？

因為牠屬於二級保育類野生動物，相當珍貴稀有。根據《野生動物保育法》，保育類的野生動物未經主管機關許可，不得騷擾、虐待、獵捕、買賣、交換、非法持有、宰殺或加工，所以當我第二次聽到對方說是刺蝟時便心想，這算彌補嗎？雖然這樣想有點不對，但就這麼巧合地讓我遇到了，所以就把牠想成是緣分吧。

此時，抬頭看看鬧鐘，已經快十二點了，又是以前服務過的客戶，所以就不好意思推托了。畢竟失去寵物已經很難過了，我應該將心比心才是。但還是對刺蝟這種小寵物頗為好奇，雖有看過寵物店在賣，但也並不很多。一般情況下，寵物店為了節省成本，刺蝟在店裡都只是生活在觀賞箱中，導致有時可能脾氣比較暴躁，也有可能因而較不親人，因此飼主養牠之前要想清楚，建議從小養起可能比較適合。

不過，沒想到刺蝟還依顏色分為好幾種：椒鹽刺蝟、巧克力刺蝟，還有黑刺蝟、奶茶刺蝟等等。我已經被搞亂了，因為其實我只對牠們的「剛毛」比較好奇。畢竟牠不像貓、狗，可以親親牠或往牠的臉上貼去；因為牠們身上有刺，且聽說壽命約五至十年。

這位飼主說她養了五年，應該算是正常情況下的壽終正寢吧。只是接下來她說的話讓我愣住了。她說，家裡還有十二隻貓。我心想，我家一隻啾咪就已搞得我好亂啊（這好像是星爺的台詞）！如果養了十二隻我真的會瘋掉，畢竟一想到牠們一天到晚喵喵叫，我就很害怕。

刺蝟的腹部佈滿細軟的毛髮；捲起身體時會縮成一個圓球，因此敵人便難以攻擊，這也是刺蝟最有效的防衛方法。食物方面，我只知道牠吃蟲。我去接這隻刺蝟小體時，主人請我順便帶走牠的食物；我一打開看，竟然是活的麵包蟲。一時之間不知該怎麼處理，總覺得因為是活的，一起當陪葬品火化有點不捨，於是便找個有土的地方放生了，還「加料」給它們當養分。這裡的加料其實就是把吃剩的水果及果皮倒在牠們旁邊，覺得應該已經算是仁至義盡了。

聽主人說，她養的這隻萌寵很乖，適應性很強，容易馴化飼養；只要跟牠熟了，刺蝟便會卸下防備，可以很輕鬆地和人相處，建立出有默契的互動關係。只是，這應該只有彼此之間才感受得到吧！

我相信刺蝟有相當迷人可愛的地方，且刺蝟也不像貓、狗，需送到美容院整理毛髮。只是有一點困擾：這類特殊寵物，獸醫的專業知識如何？醫療資源是否足夠？雖然聽說一隻刺蝟一千元內就可以買到，但只要是動物就會面臨生、老、病、死，所以飼養牠之前要做些功課比較好。常聽到寵物們的醫藥費動輒幾千元；如果醫治的費用是寵物身價的幾倍以上，你還願意花錢醫治牠嗎？

這時，就得考驗飼主的觀念及想法了。有些飼主可能因為經濟因素，不得不忍痛放棄；但卻也有些是一開始即抱持不負責任的想法，心裡想說，看醫生的錢都可以再買一隻新的了，於是就不管牠的死活。如果飼主會有這種心態，建議先不要養寵物，以免養了之後才後悔。

總之我個人覺得，刺蝟不是好養的寵物，比養其他寵物還難。可能因為牠的身上有刺吧，因而「可遠觀而不可褻玩焉」。雖然我抱起牠的遺體時有戴手套，但還是有被小小扎了一下，還好沒流血。於是處理好這隻寵物後，便趕緊回家睡覺了，因為幾小時後又有別的CASE要接！

Story 14 服務學生的寵物

有隻寵物貓名叫拿鐵，是我學生的寵物。原本接到電話時，我一如往常地前往處理遺體。但到飼主家裡後卻看到主人哭得很傷心。她說，上次寒流來時都能挺過，身體應該還不錯，怎麼突然就……。只見她越說越難過，而我也覺得納悶：如果不是生病往生，難道還有其他原因嗎？

我問飼主，是否有帶去給醫生看？醫生則說，查不出原因，畢竟到院前就沒了呼吸心跳，看起來也沒異狀。因此讓家人們更難接受了，傷心地說：怎麼會發

▲寵物生前很溫馨地被主人抱著。

生這種事？這麼乖的米克斯拿鐵是領養回來的，小朋友常常抱著睡覺，不只乖巧，和家人們感情也非常好。講到這裡，飼主眼淚又失控了。

身為寵物禮儀師的我，除了要幫毛小孩處理大體，也要安慰飼主，並在她最無助時開導她，畢竟寵物死了無法復生。所以我們上課時，老師會一再強調，禮儀師的職責除了處理好寵物的身後事外，飼主的悲傷輔導也非常重要。因此，心理師或專家們建議以下的做法，或許可以幫助飼主走出傷痛：

1. 找幾個可互吐心事的好友聊聊天，把你的想法、感受、悲傷或快樂向朋友傾吐，如此一來，心裡的情緒便可適時得到緩解。
2. 出外走走、踏青或散步。如果可以的話，每天都到戶外走走，看看大自然放鬆心情，以暫時忘掉傷痛，朋友最好陪同一起。
3. 在戶外或陽台種些植物、盆栽，以紀念往生的萌寵。我常常幫客戶將萌寵的骨灰放入其中、做成盆栽，讓他們可以看著牠，像隨時陪伴在身旁。
4. 如果你喜歡動物，可以再養隻寵物轉移目標。新的寵物可以帶來你的關注和感情的轉移，但不代表你不愛之前的萌寵了，主要是希望你能走出傷痛，彌補失落的情感並有所寄託。

5. 允許自己釋放壓力、大笑和哭泣。有時會發生一些有意思的事，就像過去一樣。這不會失去你對寵物的思念，但悲傷會導致哭泣，這都是正常的。想哭就哭出來吧！哭過以後，或許心情會好一點。

6. 寫日記抒發情感。把你的想法寫在日記本裡，什麼時候想寫就什麼時候寫，如果做不到每天寫一篇，只寫幾句話也可以。

當我幫拿鐵擦完遺體、裝箱後，抱起牠時抬頭一看，這位小朋友不就是我補習班的學生嗎？可能剛剛擦拭地太認真或專心和飼主說話，加上我的學生很安靜地在旁邊看，所以才沒注意到。於是媽媽就問他兒子說：是真的嗎？我學生回說：「是補習班老師。」媽媽聽了很訝異，接著就問了很多人都問過我的問題：「老師你怎麼會來做這個！」

唉！我只好再解釋一次。不過才一歲多的拿鐵正值壯年，又沒異狀，牠的死因讓我實在很好奇。幾天後，學生的媽媽傳LINE給我說，有位朋友是寵物溝通師，只要給他看照片，就可知道發生什麼事。看完後，這位溝通師跟媽媽說，拿鐵先天心臟不好，請她別太自責，發生這樣的事不是她的錯。

雖然我對寵物溝通師的說法感到很玄，但心裡卻帶著點崇拜的心情，因為我都感應不到，只知道做好寵物往生的後事就算功德圓滿。所以，寵物溝通師能讓飼主走出悲傷的心情，算是好事一樁。

我太座曾報名上過這種課程。她說老師上課時有提：寵物溝通師分兩派，一派以心靈溝通為主，另一派會把因果和前世今生扯進來。我個人覺得有點玄，不過，如果前述觀點能讓飼主的心靈得到解脫，我想飼主大多可以接受。如果用因果關係來說明，在此就不多說了，畢竟每個人選擇心靈慰藉的方式不同，能幫飼主走出陰霾才最重要。

Story 15 忙的時候很忙

沒有案件的時候，我可以放空個二週以上，這時我最喜歡大自然了。常聽人家說，宜蘭「好山」、「好水」、「好……無聊」，前面好山、好水讓我可以慶幸又驕傲地說，我是宜蘭人，但聽到人說到最後面的「好無聊」時，頓時覺得要看你怎麼安排時間。

很多在地年輕人往外縣市工作，因為機會多、薪資高。相較下，在宜蘭私人企業工作，會感覺薪水低了些，不過住家裡可省房租，實際上算起來也差不了多少。不管如何，我還是選擇開補習班，自知不適合在私人企業服務，因為自由慣了，怕自己坐不住。不過當案子一來，一樁接著一樁，可以連續兩天都接不完。例如在二〇二一年四月二日接了三隻流浪貓，隔日卻全部是飼主養的萌寵往生，有賓士貓、英國短毛貓和混種米克斯狗。

第一隻賓士貓的飼主家裡養了六隻寵物，還是在市區，可見很愛貓咪，是位愛貓人士。抵達她家時，門口已有四隻在等我，好像知道我要接走牠的兄弟，因此一直喵喵叫。主人說，牠應該是誤食，因為牠平常都關在家裡很乖、不會跑出去，唯一缺點就是喜歡亂咬、亂吃東西，例如塑膠材質的物品。

因此，在幫這隻賓士貓擦拭遺體時也發現，牠身上都是嘔吐物，可能吃到不乾淨的東西或誤食有毒的物品吧，還來不及就醫就往生了。雖然心很痛、很難過，但還是希望好好送牠一程，於是便將牠的身體擦拭清潔好幾次，可惜味道仍在。

在此就想到我家的小橘「啾咪」，一樣喜歡亂吃東西；除了愛咬拖鞋，更愛咬電線。只要是能到達牠咬合高度的電線就咬，已經咬到全都快要看到金屬線了。很擔心屆時牠不是自然往生，而是被電死的；如果是這樣，我也沒辦法。因此，現在還能做的，就是將電線繞上一層膠帶或塗薄荷油，讓牠不敢去咬，或把電線固定在較高的牆上。因為只能做到這些，接下來就看牠自己的造化了。

家中有喜歡咬這些物品的貓咪，要特別注意喔！這有可能是小貓在沒有母貓照料後的斷奶反應。因為當貓咪在啃咬時，會感覺到與幼時喝奶時很相似的觸感，因此會格外偏愛、留戀。事實上，家中常備的生活用品，諸如：塑膠拖鞋、電器、電線、塑膠手套等都是貓咪啃食的對象；有時候啃食是因為餓了或者無聊，甚至有些飼主還會主動用塑膠製品逗弄貓咪。但這些行為對貓咪都不是很好，請飼主改掉這個壞習慣。

有的貓本來就格外喜歡塑膠的味道，起初的啃咬若不加以制止，等到貓愛上這種味道後，便很有可能將其咬碎、吞下肚。剛開始的反應可能不明顯，有些飼主看到拖鞋上雜亂的牙印，覺得咬一咬沒什麼大不了，但到後來，極有可能不只是塑膠拖鞋和電線的問題了。如果家電正好在使用，又被貓咪啃咬電線，就會有觸電的風險，這點請貓奴們特別注意。

另一個案子是英國短毛貓，出生不到幾小時就夭折了。飼主拿給我時只有巴掌大小。因為沒有小小的紙箱，就把牠放在中型紙箱裡，因此看起來不成比例，但至少算有

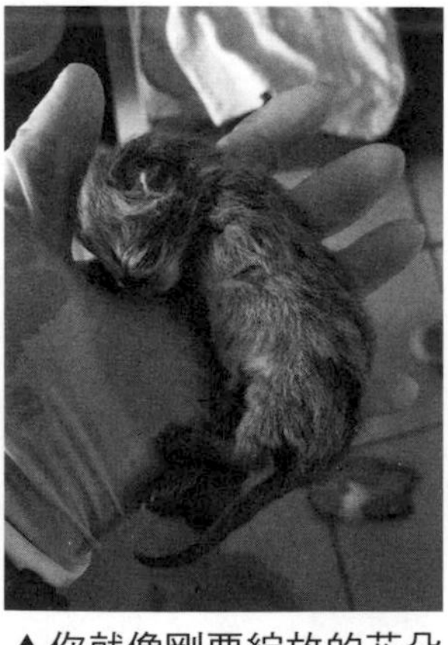

▲你就像剛要綻放的花朵般美麗——英國短毛貓。

安置好牠，讓牠舒適地躺著。同時心中感嘆：可憐的小貓，出世不到幾小時就夭折了。

聽說英國短毛貓最出名的典故，是《愛麗絲夢遊仙境》中柴郡貓的取材原型。關於柴郡貓的角色原型有幾種不同的說法。首先，作者卡羅的家鄉就在英國柴郡，當時，柴郡用來製作乾酪的模子就是用一隻微笑的小貓為造型；亦有說法指稱，由於柴郡盛產牛奶與奶油，因此當地的貓就笑得特別開心。

聽說英國短毛貓聰明伶俐、情感豐富，不會亂發脾氣。牠們很能包容孩子和狗狗，是非常優秀的家貓。喜歡待在飼主身邊，但更喜歡待在地上，被抱著或帶出去時會感到不太舒服。牠們喜歡獨處，所以如果獨自留在家裡，可以悠然自娛。

安息吧！這隻來不及長大的英國短毛貓，到彩虹橋找你的同伴玩吧！我能理解飼主悲痛難過的心情，但逝者不能重生，好好照顧其他的兄弟姐妹們最重要。

這天的第三起案件是隻名叫妞妞的老萌狗。主人說，牠是土狗和黃金獵犬的混種，養了十幾年了，最近身體每況愈下，走幾步路就氣喘吁吁。主人擔心牠撐不了很久，於是幾週前就已先告知我，萬一有突發狀況時，希望我可以幫忙。

然而，牠在四月三日早上往生了。同時，主人也傳了好幾張牠生前的生活照給我，讓我知道大概的體型大小。從照片中看得出來，牠屬於中型犬，養在高級公寓裡。因此我去接時順便詢問主人，牠會不會亂叫、吵到鄰居。其實我這句話是多問的。因為可想而知，能養在公寓的狗一定比較乖又安靜，主人才會安心地養，否則會引起鄰居抗議。不過飼主真的很用心，還寫了關於牠的生平事蹟，讓我看了相當感動，也想呈給讀者們看。

主人是這麼形容牠的，以下是家人寫給妞妞的話：

妞妞大概是十七年前同事送我的，牠的媽媽是一隻漂亮的黃金獵犬，爸爸是路邊的土狗，美麗的錯誤生出了八隻小土狗。妞妞長得跟黃金獵犬完全不一樣，但妞妞有著黃金獵犬溫馴的個性，好脾氣的牠因而成為孩子們最佳的玩伴，在雷公埤的農舍裡陪著姐姐的孩子長大。

後來姐姐搬到市區，妞妞也年事漸高，烏黑的毛色轉為白髮蒼蒼；不僅耳朵重聽、眼力衰退，走路也越來越吃力。我想，應該陪牠走完最後的日子，於是在去年時接牠過來跟我一起住。

剛開始時，最大的困擾是訓練妞妞如廁，但年事已高的牠努力配合我的生活習慣，盡量在尿布墊上廁所；雖然常因牠半夜如廁而被吵醒、導致睡眠中斷，早上還得起來處理大小便、餵食，帶至頂樓散步、曬太陽等，生活因而變得忙碌，但這一切我都沒有怨尤，我只想給牠一個無憂的晚年。

妞除了脾氣好，還非常貪吃，對於麵包、洋芋片、滷味等完全沒有抗拒力，只要聽到塑膠袋的聲音馬上會靠過來等吃，一段時間後已被制約，只要我坐在沙發上，牠就會靠過來，餵食變成我們之間的甜蜜時光。看牠吃得津津有味，我也很開心，我朋友也很喜歡買食物來餵牠，聽牠吃東西的聲音很療癒。牠最喜歡我炒沙茶豆干。只要一開炒，牠就繞在腳邊、看能不能先試吃，炒完後一定狼吞虎嚥地吃掉半盤才甘休。

我託人從好市多買床給牠，妞妞從此愛上了牠的床。牠從小在田裡打滾，大自然就是牠的床；但年紀大了，需要一張舒適的床。牠喜歡在上面發呆或睡覺，妞妞的臉很憨，我常拍下這美好的瞬間！

我有時會在家裡拜佛，妞妞會隨侍在側、陪我禮佛，然後趁我去上廁所時霸佔我的拜墊、趴在上面，我得把牠請去旁邊才能繼續。但牠是一隻有佛緣的狗，每天吃素、聽佛號，我希望有天因緣成熟時，牠可以蒙佛接引，去到極樂世界。

最後的日子裡，妞妞沒有痛苦很久，我也希望讓牠安詳離開；最近，牠陪著小姐姐過二十歲生日、去南館市場看哥哥做麵、還去運動公園散步；在我搬到新家沒多久，牠看著一切就緒，似乎也很放心我住在這裡。往生當天，還短暫地趴在新家的地毯上。

在佛號聲中，大家至誠地為妞妞唸佛，希望牠在極樂國度沒有眾苦、只有諸樂。在因緣際會的當下，我們有過美好的時光，謝謝你在生命裡留下珍貴的足跡，我會永遠記得你憨厚的臉、溫柔的個性及貪吃的樣子；我們將在極樂世界再會！

接下來則是小姐姐寫給妞妞的悼念文：

從小時候有記憶以來，妞妞就陪伴在我們一家人的身邊。記得牠剛來家裡的時候，全身黑到連眼睛都看不見，又愛在泥巴田裡打滾，家裡的地板上常常都是牠留下的狗腳印，就連過年放鞭炮時都要摻一腳搗亂，但卻最害怕下雨天時的打雷聲。

或許是遺傳到黃金獵犬的基因，無辜的大眼睛加上小小的臉，就連脾氣都很溫順。尤其對小孩子特別保護，時常圍繞在我們附近，確保家裡三個小孩的安全。

記得以前最開心的事，是妞妞知道我們快到家了，就會準時出現在家門口，一到家就瘋狂地搖尾巴來迎接。我和弟弟總會摸摸牠的頭，丟下書包，帶著牠去家門前的大馬路上玩「你追我跑」。依稀記得，夕陽的餘光照映在臉上，冒著汗的額頭加上微微的熱風吹來，那畫面到現在長大了，想起來都還很幸福。

以前住在鄉下的時候，妞妞會跟我們一起去沙坑裡挖沙，為了製造出和在海邊玩一模一樣的感覺，我們姐弟倆會偷偷摸摸倒一大桶水下去，抓起一把沙子往對方身上丟；妞妞看到覺得好玩，就一起加入了。玩到太陽下山，媽媽出來叫我們吃飯，看到兩個小孩加一條狗全身上下都是沙，與她四目相對後撒腿就跑，可想而知，下場就是被媽媽拿著菜刀在後面追。

有時妞妞也會跟著大人去種菜，在旁邊裝忙，挖挖洞、捉蝴蝶，玩累了就安安靜靜趴在旁邊。等到菜種完，牠也睡得東倒西歪。雖然調皮搗蛋了一點，但妞妞很盡本分地在照顧我們家。記得有一天晚上，牠突然對著飯盆的地方狂吠，眼睛一直盯著黑暗中看，眼神變得警戒；家人想靠近查看發生了什麼事，妞妞卻用身體直接擋在前面，低吼著不讓人靠近。直到弟弟拿來手電筒一照才發現，原來那裡盤著一條龜殼花，對著我們吐信。到現在，每次看到妞妞都會想起牠用生命在保護我們。

後來為了爺爺，一家人搬到市區住。因為怕吵到鄰居，只好將妞妞留在舊家，直到家裡另外一隻狗走失後，才把已經越來越沒辦法走路的牠接來新家住。大家因為上學、工作十分忙碌，沒辦法跟以前一樣時時刻刻陪牠玩，漸漸地能感覺到牠沒有以前那麼快樂。

少了廣闊的田跟馬路可以奔跑，妞妞的身體逐漸老化，眼睛慢慢看不太清楚，後來連耳朵都變重聽了。常常叫牠都聽不見，連大家在身邊走來走去、甚至開車庫的門，牠都要過好久才會慢慢醒來。不禁感嘆時間飛快、光陰似箭，回過神來，妞妞年事已高，當年毛髮黑到發亮的牠，如今已經白髮蒼蒼。

之後，阿姨接妞妞過去照顧，聽阿姨說，妞妞即使年紀大了還是很貪吃，靈敏的鼻子一聞到豆乾、麵包的香味，還是會踉踉蹌蹌地爬起來。值得慶幸的是，還好牠胃口不錯，也可以慢慢在運動公園裡散步。

每次看到妞妞的狀態都是懶洋洋的，以為還可以多陪我們幾年。老實說，心裡多少會有些準備，有一天要面對牠突然離我們而去。直到過世前幾天，接到阿姨的電話說，妞妞的狀況非常不樂觀。因為阿姨要上班，所以一大清早我就過去照顧牠。當我一進門，看到妞妞躺在拖車上、一點力氣都沒有時，心好疼！好幾次看著牠奮力爬起來，但堅持了三秒，又因為身體沒力而倒下去。瘦到剩下皮包骨的牠，骨頭撞擊地板的聲音，聽到心都揪了起來。當下終於能體會到別人說的：「好希望牠會說話。」是什麼意思。

妞妞過世那天，阿姨通知我們。我和母親急急忙忙趕過去，在電梯裡自認為已經做好心理準備，可是看到妞妞沒有呼吸地躺在那邊，我的眼淚瞬間潰堤，母親更是淚流滿面。最後，譽馨寵物禮儀的林老師把妞妞接走的那一刻，彷彿告訴我，牠真的往生了。陪伴大家十七年的牠，要去另外一個世界準備投胎。

最後的最後想告訴搗蛋鬼妞妞，謝謝你來到我們家，陪伴家裡三個小孩長大。雖然有時候你會用鄙視的眼神看著我，或用很委屈的臉面對著大家，但這都影響不了我們對你的愛。

從這麼大隻變成一個小小的盒子回到我們身邊，十七年的守護，大家的青春，很謝謝有你的足跡。對我們來說，你沒有離開，而是活在我們的記憶裡，來不及說的思念希望你能了解。最可愛的妞妞，要牢牢記得我們一家永遠愛你！」

看完妞妞家人們寫給牠真情流露的文章後，我真的快哭了。讀者應該也能感同身受，寵物在主人心中的地位，是如何無法取代吧！

此外，主人也非常愛護牠。希望我晚上八點後才去接牠。這段期間，他都一直放佛經給這隻萌寵聽，足足讓牠聽了八個小時，希望輪迴轉世時投胎到好人家裡。

所以，這天接了三起發生在清明連假期間的憾事。有時覺得不只人生無常，毛小孩亦是如此！

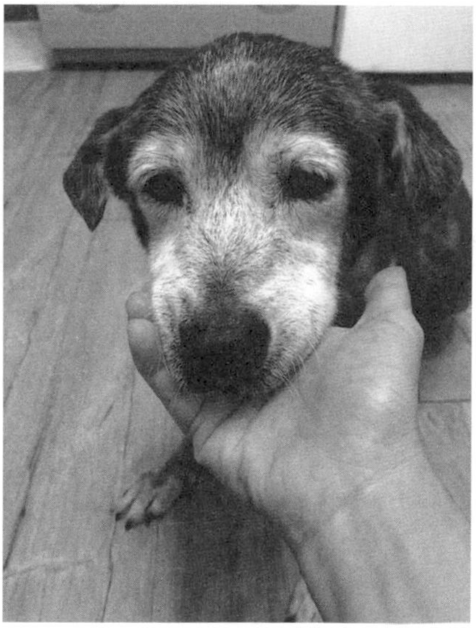

▲妞妞的日常是不是很愜意呢？
（感謝妞妞的家人提供照片）

Story 16 從離島帶回的萌寵

這隻貓咪名叫小黑，是主人從離島帶回宜蘭養的。聽主人說，是在離島當浮潛教練時所結的緣分。原本小黑是隻浪貓，但因日久生情，有天放假時就帶回宜蘭了。原本我還半信半疑，因為怎會有一位女生離鄉背井、跑到離島當浮潛教練？直到本尊出現，看見那曬成黝黑的皮膚，無論如何我便相信了。畢竟，哪位女生會把自己故意曬成這樣？

曬成這樣的膚色，除了從事浮潛的工作，不然就是游泳教練了。其他即使是在工地做工，也應不至於曬這麼黑。只是，當天晚上跟我接洽的是她妹妹。在告知地址時，我一聽到熟悉的路名便心想：這不就在補習班後方不遠處嗎？

於是，我就和對方說，下課後就趕過去接遺體。由於我車上隨時準備好一個紙箱和其他應帶的工具，所以可以直接過去，但到了現場才發現居然有件事情沒做到，讓我覺得很糗，那就是我只穿了涼鞋。在補習班教書十幾年了，由於自己當老闆，有時會穿涼鞋到補習班上課，到了室內則會將鞋脫下，久了便覺得穿不穿皮鞋沒差。偏偏這天的案子在補習班後面而已，叫我折返回家穿皮鞋後再去，要花半小時以上。當我心裡正矛盾時，就硬著頭皮去了。

通常我女兒都是等我上完課後跟著一起回家，這天則是被我載去、稍微幫我擋一下。請她和我一起去，也可以讓她順便了解爸爸工作很辛苦，晚上上完課後還要服務寵物的後事。

我女兒從小嬌生慣養，要什麼有什麼，因為我都盡量滿足她各種物質享受；除了學揚琴、鋼琴、古箏和學科補習（這是免費的，哈）之外，還加上阿嬤、姑姑、阿姨、乾爸、乾媽每次看到她時，就會買東西給她，所以房間堆滿了玩具、玩偶和限量版的禮物。讓我看在眼裡都覺得，她拿到這些禮物後不懂得珍惜，經常到處亂丟，讓我這做父親的實在看不過去。

畢竟我以前的生活很節省，常穿弟弟的舊鞋，衣服也是破了再補；以前還喜歡收集貼紙和郵票，但不會跟流行，只要有人給我就收集起來，郵票也都是蓋過章的，到現在也都還留著。其實蓋過章的郵票沒有價值，而我擁有最多的是中華民國國旗的郵票，當時這樣就覺得滿足了。不過，當把我收集到的這些貼紙、郵票秀給女兒看時，她沒有覺得很驚訝，只說這些圖案都很醜又老舊，不像她們現在的《火影忍者》、《鬼滅之刃》等等，唉！

人家常說，時代不同了。話說回來，就是因為她不懂人間疾苦，才要帶她去體會。加上我穿涼鞋，要叫她擋在我前面，並在進到屋內時趕緊脫下。還好我有穿襪子。不過，我一看到這隻米克斯貓就發現，牠怎麼全身濕透、身上還有泥土？

一邊幫牠擦拭時，我一邊詢問家人才知道，因為不小心讓牠跑去外面，找了一整夜也找不到，加上毛色全黑，就更難找了。隔天發現牠時已經沒了生命跡象，家人說，可能被附近的野狗咬死了。我幫牠擦拭大體時也發現脖子上有咬痕，這應該就是致命傷吧！現在能幫牠做的，就是希望牠乾淨地離開，家人也一起唸佛號，迴向給這隻貓咪，讓牠往生淨土，前往佛祖身旁。

火化當天，在離島的姐姐趕回來送牠最後一程。她看著牠的遺體時輕輕撫摸但不發一語。我可以理解這種難過，於是就讓他們獨處一下，我也沒有再多說什麼。時間到了，火化阿伯將牠推進火爐後，我才安慰他們：請節哀，這不是您們的錯，至少在世時您們都對牠很好，牠也感受得到，這樣就夠了。我們唸佛經給牠吧！希望牠已離苦得樂。

宿命輪迴，這案子也算順利完成了。

Story 17 沒到府服務，也算功德圓滿

這個案件也算我接過的特殊案例吧！記得之前提過，學生時期讀書的成績平平、眼力不好，看不到旁邊同學的答案，但「聽力」和「記性」特好，不過也只有在記些有的沒的時才特別厲害。

舉例來說，我和老弟相差一歲。就讀國中時，我因個性「剛毅木訥」，自然較少和別班互動，更別說相差一歲的弟弟班上同學了。但他們班上的同學，我不但知道誰是誰，名字也都叫得出來，就連畢業多年、出社會了，我和弟弟走在街上，看到他國中同學的背影，我就能叫出名字。我弟說：你和他熟嗎？我說我不認識他，我弟就更覺得匪夷所思了。你也別問我，怎麼那麼無聊，記得弟弟的同學幹嘛？反正我就是知道，還可以知道他在哪裡上班。（自覺有徵信社的特質，哈！）

更有些時候，我也覺得拿下一千三百度的眼鏡後幾乎全盲，像極了以前古裝劇裡的盲劍俠，有種能透過「聽聲辨位」、傷中對方要害的感覺（可能武俠電影看太多了）。但這不是重點，我要說的是，這位飼主在之前就和我聯絡過了，只是我不知道對方的名字卻記得她，因為她的聲音比較特別。

記得她是在某個星期天的下午打電話給我，問我家裡的寵物快往生了，是否可以到府接送，以及如何收費等問題。我照她的需求報價，她聽完後就說：知道了，然後掛斷電話。剛開始我以為，她是否因為覺得報價太高而作罷？

但隔沒多久她又打來問我：為何收費比較貴？我之前說過，願意讓我服務即是有緣，沒能讓我服務我也感謝；但總不能以幾近「成本」的價格來和我這間私人公司比較吧！請問開車出門要不要油錢？而且來回的路程至少都是一小時起跳。如果每個人都以成本價收費，我只能說：「這位施主請回吧，老衲無能為力。」

就像高麗菜的成本一顆可能一、二十元，在小吃店炒一盤可能五十元，但如果在大飯店炒，可能一盤二百元，這我們都能接受。因為心裡有底：環境不同，人事成本也不一樣。這點不用我這個數學老師教吧！所以對方打電話給我說，公營機構才收多少錢，我怎麼比他們貴？聽完後我也有點無言，但還是鎮定下來，「很溫柔」地和對方說，如果你能自己送去最好。對方還沒等我講完就掛了……。別誤會，我沒詛咒他掛了，是「掛斷電話啦」！

是的，如果要省錢，自己送去最省；既省油錢、省服務費也省時間，一舉多得，於是我也沒太在意，畢竟出社會多年了，看得比較多。雖然都在補教業，接觸的家長類型也是百百種：有些只看成績、不問過程，成績沒考好再換一間；或是補習就是要得高分，沒有九十分就再換別間補習班，這些我也都經歷過了。

我曾幫助過許多學生，有些因為家境清寒又想補習，有時能做的就是減免學費或不催繳，甚至繳不出來也沒關係。畢竟家裡經濟有困難，能幫忙就幫忙。當然，我只希望他們日後在路上看到我，能叫聲：「老師好！」我就滿足了。

不過我發現，這麼做並沒有得到回饋；我所謂的回饋，不是希望他們繳學費還我，而是希望他們將心比心，曾接受他人幫助，以後有能力時亦能幫忙他人。之所以這麼說，真的是有感而發。我曾在路上遇到幫助過的學生，看到她的第一個反應就想問她：某某同學近況如何？正當要開口時，這位學生竟然「快閃」而過，我都還來不及打招呼呢。唉！只能自我安慰說，可能她害羞吧。

雖然不敢說，自己「桃李滿天下」。但教了十七年，應該也算教過不少學生了。有些已經踏入社會貢獻，亦有些選擇繼續深造，他們偶爾也會來補習班看我，甚至買飲料請我。老師最大的安慰僅僅這樣也就夠了。在這些年的教學生涯中，一直都是無愧於心、兢兢業業地教學，因此我是秉照公司規定，告訴飼主收費原則，沒有多收，只有多做；因為問心無愧，於是也就沒放在心上了。

就這樣，過了一段時間後，我又接到一通電話。對方說，她們家的狗狗快往生了，想請我協助。我聽到這個熟悉的聲音，但沒多問，只是照著對方相約的時間地點，準備好紙棺和必備物品（往生紙被、保潔墊、手套）等就前往了。

到了指定的地點時，對方也來了，本以為她要帶我前往家裡去接萌寵遺體，但她說家裡的狗狗尚未往生，只是先詢問我狀況，頓時心中OS：你可以在電話中問我即可。我禮儀車開去了，結果你只問我如何處理。

我知道她是之前打電話給我的那位飼主；問一堆問題又覺得我收費比別人

貴。現在她又要我服務，但畢竟「以客為尊，服務至上」是我的原則，所以有需求，我就去服務。同時，看到對方很難過、著急的樣子也就……算了。加上我也很關心她狗狗目前的狀況，總不能期望牠趕快往生吧！這並不是我心中所願。

此時，飼主難過地說，因為這隻老狗不吃不喝好幾天了，加上年歲已大、身體有腫瘤，想以安寧照護的方法讓牠順其自然往生，但因尚未往生，問我如果半夜離世的話，可否接送？我回答她：若晚上十一點前不幸往生了，我可以去服務；但若超過十一點，就先將牠安置在家裡較安靜的地方。如有信仰，可以放佛經給牠聽，隔天八點後我會去接體。同時她也先向我要了紙棺和往生被，往生後就可覆蓋在上面。

飼主特別強調，希望我能提供往生紙被。這裡稍微說明一下：因為我信仰的宗教不同，但仍會配合飼主需求提供服務。所以在佛具店購買往生紙被時，雖然看不懂梵文，但仍請教老闆上面經文的意思。店家的解釋如下：往生被上的經文有超渡、減輕罪業、不受病痛所苦之意，又稱「陀羅尼經被」；上面有許多梵文、藏文寫成的強大咒語及諸佛菩薩真言，具有強大的超渡力量。使用對象不限宗教，無論信教與否，臨終時均可使用。

福薄少德者，亦可用往生被消除罪業，讓亡者跟隨佛祖往生西方極樂世界。此外，亦有趨吉避凶之意。因往生被上的經文法寶都不可離身，要隨身火化或土葬，如此對亡者的利益最為確切穩當，不僅能助亡者往生，更有無量功德。

但也有人對此抱持不同的看法，認為往生被上的經文咒語不可火化，否則即是破壞佛法，就像以前秦始皇焚書坑儒一樣，嚴重程度等同於逆罪，所以有人說，「陀羅尼經被」上面有經文所以不能火化。如此兩極的看法，我也無法評斷誰對誰錯，因此都會配合飼主需求提供適當協助。於是，我便讓飼主將紙棺帶回去，以備不時之需。

隔天對方傳來簡訊，我當下以為狗狗已蒙主召喚走了。沒想到竟然是回覆，後來帶去給獸醫看診、打針吃藥後，狗狗精神狀況好多了。我覺得這是好事，也很開心萌狗健健康康。所以她說要將紙棺還我時，我因為懶得跑來跑去，就回簡訊說：沒關係就放在你那裡！就這樣又過了一天，沒想到對方又傳來簡訊說，狗狗最後仍敵不過病魔，還是走了！家人選擇親自送牠最後一程，然後向我道謝。

我提供的紙棺最後還是派上了用場。心想這樣也好，家人能陪在身旁、送最後一程算是好事，但對方要給我費用，我則說不用了，能幫忙您們比較重要！不過，當對方堅持包紅包給我時，我就不再拒絕。無論是否因為習俗而一定要包給我，我都覺得，至少對方是感謝我的！

雖然沒能服務到這位飼主的萌寵，但牠在最後的時光裡能在家人的關愛下往生，且沒有遭到太大的痛苦，結局也算圓滿吧！

PART 3

是節氣的影響嗎？

Story 18 年初二就開工了

在大年初二就接到案子。

本來過年期間和家人難得騎腳踏車去郊外踏青，才騎到一半卻接到一通來電。以往陌生電話我是不會接的，我平時是補教老師，和學生家長們彼此有互留電話號碼輸入手機通訊錄，因此只要是家長打來一定知道是誰，何況在過年期間，通常是不接電話的，所以一般陌生電話與我是絕緣體。

但自從開業以來，畢竟是殯葬服務業，不可能有熟客打來，因此有電話來就表示有人詢問，理當要接；但我又不想掃興，就在接與不接的矛盾中還是接起了電話，對方是位女士，她很客氣的詢問：「請問是寵物禮儀公司嗎？」

因這樣名字的公司很多，為了強化公司名字和廣告效果，我就重述了一次，但是再加上六個字：「是的，我們是『宜蘭在地譽馨』寵物禮儀公司。」

為何加這六個字呢？前面四個字「宜蘭在地」是強調我們是在地服務業者，讓對方聽到在地會更覺得有親切感。因為網路搜索關鍵字「宜蘭寵物火化」，我們公司總是沒出現在第一個，都是外地業者排第一，因為他們也都標榜有跑宜蘭服務，還二十四小時哩！雖然懷疑他們難道都不用休息嗎？但總之先把自己的本分做好再說。而後面兩字「譽馨」是為了讓客戶記住我們，之後他們向別人推薦時，才能清楚說是哪一家業者服務。

接過電話，對方表示他們家的狗狗往生了。我平時的觀念是：寵物和人一樣，也會生老病死，往生應屬常態。但對方說狗狗才一歲多——我心裡愣了一下，按照以往經驗判斷，可能是中毒或生病死亡，飼主說應該是食物中毒。

向對方解釋因我人在外面，要先回到公司準備工具、大約一小時後才能到；同時我也詢問一下狗狗的體型大小，以便準備箱子尺寸。對方說是高山犬，但我對高山犬的品種認識不多，本以為是中型犬，但對方和我說明後，又特別提醒要準備更大的箱子，這才知道高山犬體型比我想像中的大。

於是我照著飼主給的地址使用Google地圖查詢，開到頭城後發現是一間民宿，而民宿主人因連假去旅行，由管家和我們接洽。同時間一輛警車也到場，心裡覺得有點疑惑，原來飼主懷疑狗狗是被人下毒，已事先報警，所以同時間警方也到場調查；但狗在法律上是屬私人物品，只能報失竊或毀損案件。依據《動物保護法》規定，毛小孩的飼主有義務提供寵物們一個安全乾淨的生活環境，對於寵物的生命安全維護是主人應盡的義務，所以這位飼主出自於對狗兒的責任感，想查個水落石出。至於疑似中毒案，必須要送動保所請獸醫師檢查化驗，而我的工作也只能幫飼主送去火化和請他們檢驗，並無法判斷是否中毒。

當下警察問我是什麼行業，我回答是寵物殯葬業；他們覺得好奇，以為我是台北的業者，其實我是宜蘭第一間立案的業者，所以很少人知道。我留下連絡電話給警察大人，以便日後有進展時可互相聯繫，而他們大概詢問了管家一下就走了，其實我很希望他們能幫我將這隻重達五十公斤的高山犬搬上車，但幻想終究是會破滅的，一切只能靠自己。

於是我獨自一人把這隻龐大的高山犬遺體抱上車，我本以為一個人可搬得動，畢竟高中時期曾拿下全校鉛球第三名的頭銜。沒想到平常覺得力氣不小的我，竟然雙手抱不起來，用盡吃奶力氣也頂多移動一點點，心裡想著：難道是我老了嗎？高中到現在也才過了三十幾年而已就這麼沒力。但距離禮儀車還約五十公尺，助手太座最後看不下去來幫我搬，真是不好意思。

好不容易搬上車了，沿路上高山犬嘴角流出血跡，看了令人不捨。才一歲多、正值壯年就往生了，我也希望能查明真相還給狗狗公道。插個題外話，在此之前，因助手太座把車停在民宿前的巷弄裡，但停沒多久就遭鄰居出來大聲斥責抗議，只好趕快把車開走，事後回想起來覺得鄰居之間難道不能彼此敦親睦鄰？有必要這麼大聲嗎？應該互相體諒才是，而不是脾氣不好的大吼，這和食物中毒案是否有關連，就留給大家一點想像空間了，因為我不是警察無法介入評論……。

話說回來，因為出動了警察調查，在我將遺體送往動保所後特地向動保所主管報告此事。雖然知道警察大人也很熱心地關切此案，但聽完動保所主管的解釋後，了解要破案的機率不大，原因是沒有直接證據，除非有監視錄影錄到是何人所為。如果沒錄到影像的話，即使最後採樣化驗或是解剖報告出來證實是中毒，也會因為沒有直接證據，最後不了了之。

聽到這消息除了替忠心的高山犬感到惋惜之外，雖然民宿旁邊有條小路通往海邊，海邊的遊客進進出出難以掌握，但我猜測遊客的下毒的機會不大，如果是遊客，他們朝民宿庭園裡面丟有毒食物有何意義？目的在哪？況且民宿裡有三隻大狗——一隻高山犬兩隻獒犬，為何只有一隻被毒死另兩隻卻沒有，因此排除遊客亂丟食物到民宿。如果這樣的話，那兇手又會是誰？可能是我柯南影片看太多了，哈哈……。

不過主人說他只希望確認是否中毒，如果真的是中毒的話，或許他心裡就有底了。安息吧！忠心的高山犬，本應保護主人的牠卻慘遭毒手，希望最後能查個水落石出，還給牠一個公道。

來自高山犬飼主的補充說明

高山犬又稱台灣大型土狗，看一眼就覺得氣勢非凡，護主本性則是與生俱來、不容許外人對於飼主大聲斥責或有任何挑釁舉動，否則立即表現出攻擊反應；如有外人到家裡，也要飼主在場。如果外人隨意起身離座，高山犬會低吼給予警示；若是歹徒壞人侵入家中，高山犬會立即攻擊、不畏懼任何武器！講到這裡，我也好想養一隻這樣的保鑣喔！

高山犬體型高大，膽量過人，不像一般中型土犬需要群體作戰。據養過高山犬的人說，牠們能夠獨立作戰，早期原住民狩獵時一定會帶著牠們，無論是有獠牙的山豬、或是比牠們體型大的野獸，高山犬都不會畏懼任何威脅，勇猛的保護主人。原產於台灣高山，獨立性良好，少病症、具有靈性，地域性強，外人進入會自動防衛。相較於其他大型犬，忠心的牠們確實優秀很多。這樣應該知道養高山犬的目的為何了吧？但牠們絕對是要養在郊區，或是有廣大庭院的環境較適合，因此在市區裡並不建議飼養牠們。

▲高山犬。（示意圖）

Story 19 兩天接七件CASE

這是在過年期間發生的案子，而且兩天內接到七個案子，讓我疲於奔命。剛忙完一個案件沒多久就電話一直來。記得有一次和一位殯葬朋友聊天，他告訴我殯葬業是有淡旺季的，除了民眾會選擇「好日」辦理喪事外，某些「時節」過世的人會比較多，那個時候就是他們最忙的時候。似乎每年某些時節、某些「節氣」，死亡的人數會比較多，難道毛孩也是一樣嗎？這我就不得而知了。

以前人家說「生死有命，富貴在天」一點也沒錯。時候到了，誰都無法抵抗、也無法討價還價。就像前陣子新聞報導，擁有五千億身價的捷克首富卡爾納，在美國阿拉斯加州死於直升機墜毀，享年五十六歲；喜愛籃球的人士應該都聽過柯比布萊恩，他是前美國職業籃球運動員，其資產有五億美元，帶領湖人連續三屆奪冠，但在二〇二〇年一月二十六日，他搭乘私人直升機飛往洛杉磯的途中，和他的二女兒、大學棒球教練共九人，在郊外山坡墜機遇難而逝世，享年四十一歲。所以生命無常，誰能有把握說自己一定能活一百二呢？

在我有限的認知中，每當天氣轉變，寒流來襲時，因為氣溫驟降，一些患有心血管疾病的老人家，就要特別注意保暖，否則很容易發生危險。但除此之外，在某些節氣裡，過世的人似乎真的會比較多，除了天候變化這個因素有跡可循之外，到底是為什麼呢？有些族群真的過不了某些「節氣」嗎？

節氣指的就是季節的交替，中國以農立國，農民曆就是根據農民耕作的依據。我們的老祖宗將一年訂為二十四個節氣，這二十四個節氣，簡單的說就是地球繞日公轉軌道上的二十四個點，好比公轉軌道上的里程標誌；到了什麼節氣，就會有什麼氣候，以反映一年中各個不同時期的氣候寒暑變化。二十四個節氣的名稱我只記得一部分而已，如：立春、秋分、寒露、霜降、立冬、冬至、大寒……，後面當然還有，只是我能背出這些就不錯了。

有人說，節氣轉變時，身體為了維持穩定，會自我調節以承受來自外界轉變的負擔，期能維持人與自然之間一貫的恆定性。但病重之人，較難迅速的適應變化，或許這就是為什麼很多的病人在節氣交替的時候「撐不過去」的原因。

不僅是節氣會影響身體健康。各臟器疾病較弱的時辰也似乎都有其特殊的規律性。像肝病較弱的時辰好像集中在未時（下午一點到三點）較多；肺病則集中在申、亥（下午三至五點和晚上九至十一點）時等等。我大概只知道這樣，可見各臟器有其最弱的時辰特點存在。又由於冬天氣溫較低，每到寒流來襲，身體虛弱者往往很容易因調適不過而撐不過。所以，許多老人家會說，只要撐過冬至，就可以再多活一年了。

敘述至此，不禁感嘆，人和大自然果真是息息相關的。春、夏、秋、冬對應著生命的起落高低，生命和死亡完全跟著大自然的節奏拍打敲擊，這便是生命的自然宿命。

所以在這兩天中就接了七個案子，雖疲於奔命，但至少在飼主無助時求助於我，能適時幫他們處理毛孩後事，安慰飼主走出傷痛也是我職責所在。

Story 20 可愛的吉娃娃

這個案例的飼主住在一處無尾巷中（台語，也就是死巷），他養的是隻吉娃娃，因為我晚上開車看不清楚，只知道是條巷子，且語音導航要我往裡面開，就開進去了。開進去後發現巷道只有一台半的車寬，根本無法會車，講白一點就是單向道；我還越開越裡面，連飼主都看不下去了，主動走出來帶路。我問飼主可以在前面迴轉嗎？他說可試試看，於是再往前開，卻越開越覺得不對勁，前進也不是後退也很難，因為已經沒路了……哇哩咧，要迴轉時還開到泥濘堆，真是進退兩難。倒車時發現我視力不好，只看得清楚一台車長度的範圍，真慘！

想起以前專科時代學開車的窘境和糗態，記得我那位「專屬」教練平常一副要教不教的鳥樣。當時報名費很便宜只要五千元，還是學打檔車（從一檔、二檔、三檔開始打檔……）的年代，因為那時還不會開車，父親交代我一定要把教練教的填鴨法背熟，既然繳了學費，有疑問就要問清楚，不要浪費錢。

上課之前有位好心的櫃檯小姐，她說會安排厲害的教練來教課，但那時候的我「剛毅木訥」，是個有點內向又不敢提問的學生，車開一半，常發生突然停住車，不敢再繼續開的情況。剛開始教練還算是有耐心地教我，只記得他說車子的右前方「桿子」對到什麼地方，就把方向盤右轉一圈；左車前門把手超過白線時，方向盤左轉一圈半……嗯，其他的早就忘記了。

上課沒幾天，教練就叫我自己練習，這樣他當然是比較輕鬆啦，但因為他坐在旁邊，讓我壓力很大。印象中教練很兇，我只要稍微做錯就大聲斥責，這種教法若是發生在現在早就被投訴了，就知道以前的人們多「單蠢」，哈哈。但讓我不爽的是他因人而異的教課態度，所以我對他印象不佳——因為他對男生就擺出一副要教不教的鳥樣，對女生就輕聲細語、假裝很溫柔的樣子，看了就令人討厭。後來我當老師時才不像他，我都一視同仁，男女平等。

雖然教練有時也會讓我有獨自開車的機會，表示我的基本動作已及格；但如果教練又來坐在車上，我壓力就會變得很大，所以我寧可他不要坐我旁邊——畢竟日後考取駕照後，教練不可能一直跟在你身邊的，何況教練一堂課不只教我一位學員。

當時只記得教練要求「背」就對了！但有誰拿到駕照後還會照著口訣開車呢？當然不可能啊，依照口訣開車反而容易出車禍吧？如果每人都右轉一圈半左轉半圈，大概就要世界大亂、交通打結了。最重要的一件事就是，開車時一定要全神貫注！

其實說路考不緊張是騙人的，於是我告訴自己：大膽的抓穩方向盤，踩油門催落去！什麼倒車入庫、S型轉彎，再來直線換檔加速、爬坡起步等等，之前練習都有失誤，但慢慢修正後，在最後一個禮拜幾乎就ＯＫ了。終於到路考時間了，我是一個很容易緊張的人，教練還來安慰我說放輕鬆，如果沒過可再來報名上課。可惡！這算哪門子的安慰，還好我一次就通過了。

話說回來，這位飼主的住家是條死巷子，我倒車約一百公尺後，到大馬路上迴轉，改成車尾朝巷子裡倒車進去，直到停在他家門口那一刻我才鬆了一口氣。真恨我當初為何「這麼用功唸書」，造成視力不佳、還考不上台大！不過就算我進了台大應該也畢不了業，先進台大醫院再說，我知道自己是什麼程度，門檻太高就不要勉強自己。

吉娃娃是種很可愛的小型犬，這隻體重輕盈、抱起來很輕鬆，應該不到三公斤。飼主說牠往生後就不會想再養了，可以請我把牠的所有物品，該丟的幫忙丟、該捐給浪孩團體就幫他捐出去；我說沒問題，畢竟這舉手之勞我還能代勞。

事後他向我要張名片，看到名片後他很驚訝宜蘭竟有寵物殯葬業者，雖然我已聽了不下數十遍了，依然很有禮貌地回他：感謝您讓我服務。

Story 21 原來卡通是真的

從事這行，讓我認識了不少寵物的品種，這個案例的飼主養的貓是加菲貓，以前只在卡通影片看過，如今真實版的貓貓出現在我面前，真是不可思議。只是去接他時，這隻加菲貓已是一具冰冷的遺體。根據養貓的友人的說法，加菲貓有著一身華麗稍長的毛髮、舉止優雅，所以被稱為「貓中王子」、「王妃」也不為過，因為牠是一種樣子可愛、高貴的寵物貓。傷心的主人說這隻加菲貓因腎臟疾病最後未能救活，看到牠往生時身上還帶著一身漂亮的長長毛髮，顯得高貴不凡，真的很漂亮迷人。

加菲貓這種寵物也被稱為「貴婦貓」，之所以有這個說法是有根據的。聽說只要你養了一隻加菲貓，你就得恨不得整天想和牠膩在一起，這樣說肯定有很多喜歡貓的朋友正在考慮飼養一隻加菲貓吧？不過我也是聽人家說的，自己是沒養過，不知真假。凡事總要先做點功課，先瞭解一下加菲貓如何照顧，再來考慮是否要養，才是比較負責任的做法。

因加菲貓的飼養在美國十分普遍，在歐洲也在逐漸流行起來。國內朋友瞭解加菲貓這個品種，應該大多數是從美國的動畫片《加菲貓》得知，卡通中的加菲貓懶散卻又聰明，還經常欺負主人，是否和前面說的特質成對比不得而知，畢竟卡通是虛擬的，說不定有人看了卡通而喜歡加菲貓也說不定。

▲左邊這隻就是家喻戶曉的加菲貓。

（圖片版權 © catwalker / Shutterstock.com）

我記得小時候很喜歡看卡通「大雄與小叮噹[3]」，卡通中的大雄是戴近視眼鏡，有一集描述他和小叮噹坐時光機回到恐龍時代，有一幕大雄被恐龍抓住正要

3 現在已經改名「哆啦A夢」了！

被吃掉時，大雄靈機一動拿下眼鏡用鏡片將陽光聚焦，讓恐龍因灼熱而放開，但後來被眼尖的觀眾發現，如果鏡片會聚焦的話，大雄應該不是近視而是遠視才對。哇！如果看卡通可以這麼細心，我覺得作者和觀眾應該會有很大的壓力吧。

話說回來，據說加菲貓有許多優點，牠是完全由人工培育出來的品種，對主人非常依賴，性格黏人聰明溫順；加菲貓的智商高，所以非常能適應主人的生活習慣，很少惹禍，和卡通中調皮搗蛋的個性大不相同。所以卡通往往看看就好了不要當真，要實際和加菲貓相處才知道牠的特性。加菲貓和其他貓咪的傲嬌態度不同，加菲貓熱衷於陪伴主人，常常會主動上前求摸摸討拍，聰明的智商、溫順的性格及可愛的外型，從這幾點來看加菲貓的確是非常合適的伴侶寵物。

事實上除了這些優點外，飼主如果想養一隻漂亮的加菲貓，可能有許多要操心的地方了。第一個是加菲貓的照顧重點就是牠的「大餅臉」帶來的困擾。加菲貓的外形最大特點就是口鼻扁扁，側面幾乎成一條線的大餅臉（但和法鬥犬比起來其實我不覺得很扁），而且看起來有點蠢萌（但卡通裡的加菲貓是很聰明的），偶爾會帶給飼主們餵食上的不便。聽朋友說，由於加菲貓臉部過於扁平，喝水和進食都特別「費勁」；如果你用平面的水盆給加菲貓喝水，加菲貓必定能喝得「一臉都是水」，讓臉部非常潮溼。也因為自己喝不到水很急，可能就會用爪子去觸碰水面因而打翻碗。除此之外，加菲貓的鬍鬚和普通貓也不一樣，一般的貓咪鬍鬚向外生長，加菲貓則是向下生長，因此喝水時鬍鬚常會泡到水裡而整天濕濕的。

我接到電話前去接這隻加菲貓遺體時，看到主人難過到說不出話來。雖不捨但還是要放手，最後主人能替牠做的，就是請我將牠火化後的骨灰取一小部分裝在美美的項鍊裡，戴在身上陪伴他做為紀念。

▲依照飼主需求，將毛小孩的骨灰放入項鍊中留念。

關於寵物項鍊

漂亮又極具紀念意義的寵物骨灰項鍊，讓家人般的寵物可以被永遠掛在胸前，隨時回憶過去的美好。項鍊的形狀有各種樣式：心形、長條形、方形、圓形等，可以將寵物骨灰取一小部分置入其中，然後將上下蓋按照螺紋鎖緊，這樣骨灰就成了項鍊的一部分，並且可以永久保存其中。

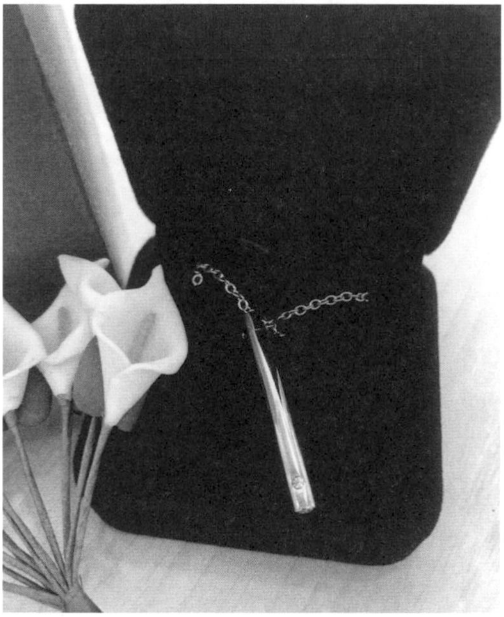

▲寵物項鍊有各式形狀，照片中為長條型。

Story 22 不適應環境的毛孩

這隻博美犬是我學生阿姨的寵物，主人平日對牠很好，走到哪裡都帶著牠，備受呵護。因為學生的阿姨平常都住台中，有時會回來宜蘭老家看看親友家人，只是有一次，回來的那段時間天氣特別的冷，已達寒流等級了，狗狗因此就受了風寒而感冒，豈知就這樣一病不起而往生。學生的阿姨非常難過，那段時間常常以淚洗面，但還是要忍痛放手，希望牠好好的走，在牠火化後，希望我能幫牠放入骨灰罈留在身邊懷念。看著牠的照片，就知道牠平日一定被照顧得很好，主人把牠打扮得美美的，表示一定很疼牠。

博美犬性格機警且活潑好動，一有什麼動靜就會吠叫。因為朋友養過，我曾看到牠會用盡全身力量的狂吠，而且聲音洪亮，很有可能會造成鄰居的困擾（所以敦親睦鄰很重要），不過還是可以從小好好教導的。也因為博美犬很好動愛玩，常常會跳上跳下十分活潑，養這類小型犬，小時候要幫牠多補充鈣質，因為體型小，所以要注意別讓牠從太高的地方跳下以免骨折。

博美犬的毛是雙層，分為底毛和剛毛，飼主平時幫牠梳毛髮會比較費時，也因為毛髮較蓬鬆易髒，所以出去經常會弄到一身髒，回家還要清理。因此帶博美犬外出可以選擇走一些較為乾淨的道路。掉毛的話是在每年春季開始會掉第二層禦寒的毛，所以要天天梳毛促進舊毛趕快掉落，並注意飲食的清淡，可選一些含有深海魚油的狗糧，有利於狗狗毛髮亮麗。

▲從照片就能知道生前美美的博美犬，主人一定百般疼惜。

至於壽命，自然老化可存活時間大多為十二至十六年左右，博美犬原產德國，算是一般大眾喜愛飼養的犬種之一。飼養寵物之前做些功課總是比較好，想要飼養博美犬，必先知道博美犬的優缺點，看完博美狗飼主或是專家的建議後，再決定要不要飼養。

聽朋友說牠們對主人很依賴，時時刻刻都想跟主人待在一起，如果你要外出把牠綁著，牠會恨不得掙脫繩索而狂吠，甚至連睡覺都不想跟自己的主人分開，所以比較不適合生活忙碌的人飼養，除非你能常常陪伴牠，就會比較安分而不會亂叫。

看到我學生的阿姨很難過，因為這麼嬌小美麗的萌寵就這麼往生了而淚流不止，所以奉勸養寵物的飼主們，即使每隻寵物都是捧在手掌心的呵護，但天災人禍何時發生不得而知——天災指的是氣候變化的調適；人禍就有很多種類，有時是食物中毒、有時是車禍、有時是被別的動物咬傷。

我曾目睹過主人帶著心愛的寵物散步時，在巷口處有台車轉彎過來，狗狗一嚇到鑽到車底下去，不知是車子底盤較低或是被輾到，主人當場大叫，車主下車察看的時候，發現狗狗已奄奄一息了。

這種悲劇似乎並不少見，畢竟在市區巷弄都較為狹窄，所以帶萌寵散步時要特別留意來車，萬一發生這種憾事，除了第一時間帶去動物醫院就醫，如真的仍無法挽救時，也只能幫牠好好處理後事，但要適時調整心情，不要陷入悲傷情境太久而影響日後的生活。

PART 4

最放不下的還是你

Story 23 四季的黑白無常

「黑白無常」源於中國道教神話，負責接引人死後之鬼魂入於陰曹，為死神之一。一黑一白象徵一日一夜，「無常」為變化之意，表示萬事萬物非永恆存在。而叔叔稱你們為「黑白無常」，是因你們兩隻「小黑」和「小白」就像人生一樣無常，竟然就這樣走了……。

接近中午時接到一通電話，說你們兩個在宜蘭的四季山上。因為距離還蠻遠的，後來主人就說要把你們載到員山往金車伯朗咖啡工廠附近的7-11等待。

一聽到是「雙屍命案」，大家可能會覺得蠻驚悚的，但確實是同時有兩隻狗狗失去性命。原本這兩隻狗狗應該在山上無憂無慮地生活，畢竟你們本性是天真善良的。而我們人類可能是在種植蔬菜時，為了賣相佳而噴灑農藥，違反了自然法則；或是間接讓你們誤食了老鼠藥等等……你們的主人並不知道真正的原因是什麼，目前最重要的是先把你們的後事辦好。總之無辜的狗狗就這樣往生了，但現在已不痛苦了，你們下輩子再當好兄弟吧！主人已託叔叔好好送你們上路。

中毒是相當棘手的問題，狗狗吃到農藥中毒的可能性較低，我曾詢問過獸醫師，因為農藥的味道實在難聞，對鼻子如此靈敏的狗狗而言，根本避之唯恐不及，怎麼可能把它吞到肚子裡面去？比較有可能的是無色無味的毒藥，譬如老鼠藥會造成全身各處的出血，不過獸醫說還是有解藥的，幫牠們打點滴的話，大致就能把毒素代謝掉，只是要看時間是否來得及就醫。可惜你們在山上那麼遠的地方，發現時已經來不及了。

另外一種常見的毒藥就是殺蟲劑，中毒症狀大部份是口吐白沫、肌肉不自主的抽搐抖動，通常都需要住院治療。至於是不是給了解毒劑就一定可以把牠治好？獸醫說這就不一定了，除了要知道毒藥的種類以外，中毒時間的長短也會影響治癒的機會，如果是神經毒的話，有的會造成神經發炎、導致動物的不適。神經部分的問題，通常是越早治療、效果越好。

曾經聽說把人吃的感冒藥給狗吃，結果斷送一條生命。養牠之前就應該知道狗狗也會有生病的一天，有些不負責任的飼主只貪圖自己方便，亂餵人類吃的藥。如果把牠害死了，你的良心會安嗎？所以早上接到這通電話聽到是雙屍命案時，的確是蠻難過的，但確實是一次有兩隻狗狗失去了性命。如有來世，希望你們能再成為兄弟，無憂無慮的在草原上奔跑。但不要再投胎當狗了，而是成為人類，一起當快樂的兄弟吧！

Story 24

純樸的壯圍鄉下

這又是另一起毛小孩中毒事件，飼主說他的毛小孩米可黃，原本在鄉間小路很悠哉的生活，每天都會固定時間「放風」[4]，因米可黃有時會關在籠子裡，但時間一到就會讓牠在田間奔跑。豈知某一天不知吃到什麼，回到家後沒多久就口吐白沫，送到醫院已來不及，獸醫說可能是食物中毒。只是平常好好的，怎會發生這種事？家人都無法接

4　原指監獄裡定時讓受刑人到院子裡散步或上廁所。

▲鄉間偶遇長相神似的小黃狗。米可黃在世時，生活應該也是同樣的愜意悠哉吧？

受這事實，主人意有所指表示：附近有人不喜歡貓狗，說牠們常常跑到菜園踩壞他們種的菜。但沒有直接證據證明是那位鄰居下毒，目前只能好好的處理米可黃的後事。

其實毛孩中毒的原因也不外乎這幾種，如果不是誤食中毒，就是別人故意下毒，但大部分的案例聽起來像是後面的原因居多。如果狗兒不小心踩踏別人家種的蔬菜，而導致蔬菜賣相不佳，可向主人反映，請他們把狗繫好，但如果沒溝通好，用下毒或其他的報復方式就不對了。

大家應該記得在二〇二一年三月初鬧得沸沸揚揚的花蓮七星潭事件，知名的狗明星「總裁」遭臘腸狗飼主為保護愛犬而踹死的消息，花蓮警方已介入，依毀損罪偵辦踹死狗的臘腸狗飼主。該案引起網友關注，新聞報導提到「總裁」明明被拴住，但這位飼主還猛朝腹部踹牠，阿伯勸止未果，「總裁」因此死亡。然而事件曝光後，引起不少討論，有人說情急之下自家愛犬被咬一定會全力救牠，哪裡還顧及這麼多；也有人說阿伯如果有幫「總裁」戴好狗狗專用的口罩（可防止咬人或攻擊人），那臘腸狗就不會被咬了。

所以我覺得米可黃死得很冤枉，主人看著你痛苦的哀嚎，雖然有請獸醫來家裡急救，但終究還是沒能將你救回，也只能以個別火化的方式把你的後事辦好，再將你的將骨灰撒在菜園裡陪伴家人。安息吧！

常常看到很多鄉村地方，土狗們沒有被綁著，無拘無束在田間穿梭，感覺非常愜意。但因現在環境不同以往，不是家家戶戶都有養狗，如果遇到有些人不喜歡狗或其他動物、對於單純的毛小孩懷有警戒心；或是有人種植蔬菜水果時，擔心狗狗來踩踏、破壞園裡辛苦栽種的的農作物；或狗狗不小心誤食了有噴灑農藥的蔬菜……都會造成遺憾，因此飼主也要特別留意一下，這都是常遇到的案例。

Story 25 看起來像是睡著似的柯基

在假日的某天早上接到一通電話，主角丹丹是隻柯基犬，爸爸說原本你應該是開開心心的洗澡，但洗完澡後可能太興奮而身體不適，送至動物醫院時已回天乏術……。

從飼主提供照片中可看到，柯基犬丹丹被照顧得非常好，只要有斜坡的地方或是看到牠有點喘，主人就會用狗狗專用推車載牠，實在是「好狗命」。叔叔到現場時，媽媽說你看起來很安詳，因為已十二歲高齡了，心臟方面會逐漸衰竭，有很多老狗因興奮過頭「心臟病發亡」的案例。

▲柯基犬。（示意圖）

台灣已逐漸進入結婚不生小孩且高齡化的社會，許多人養寵物陪伴自己，把毛小孩視為家人。但是狗狗也會有老的時候，且老化得比我們人類快，人類從一歲到十歲都還算是小屁孩一個，才正要開始茁壯；相對的，超過十歲的狗狗，已開始快速老化，跑得也較緩慢，稍微跑一下就氣喘如牛，所以老狗狗發生心臟疾病很常見，只是老狗牠不知自己老，才會興奮過頭導致心臟病發。

尤其是冬季天氣寒冷時，人類常發生心肌梗塞等意外，更何況是老狗，其實狗狗十歲以上就算高齡，但因寵物醫療水準提升，如能好好照顧的話，養至十五、十六歲，甚至二十歲也有可能。但狗狗年紀大了心肺功能難免逐漸衰退，像這類的慢性病只能控制，無法根治；因此飼主要注意溫差不要太大，就像老人也可能因溫差大出意外，也要盡量別讓寵物有太大的情緒波動。

講到高齡犬，就想到我妹妹每次回宜蘭時，都會帶著十七歲的西莎犬幾比回來，有時會帶牠來家裡坐坐。我家有隻一歲多的貓咪叫啾咪，正值年輕力壯之時。每次那隻西莎犬幾比來家裡時，常常看到牠繞著客廳追著我家的啾咪跑，啾咪倒是很輕鬆地讓牠追，只是老狗始終是沒能追到牠——與其說「跑」不如說是快走，因為也跑不太動了。幾比換算成人類的年齡應該算是人瑞了，所以看到牠追沒多久就氣喘吁吁，怕牠太過興奮，會趕緊把我家那隻年輕貓咪趕上二樓房間。

常看到飼主們開心帶狗到郊外玩，而毛小孩也會很興奮地到處跑跑跳跳，但老狗並不像人類會考慮到自己年紀大、不宜太過劇烈運動，因此如果狗狗興奮過頭造成休克被緊急送到醫院，往往經搶救還是無法挽回，造成遺憾。人類能自知懂得節制，但狗狗沒有這種想法，只能靠飼主多留意。

另外，狗狗在戶外活動要小心避免發生熱衰竭，溫度過高時要趕快幫牠降

▲妹妹的十七歲老狗幾比很幸福的在推車裡。我想十二歲的丹丹在世時，也是一樣被主人好好寵愛著。

溫。因狗的汗腺不像人類發達，在外活動若發生熱衰竭沒有及時降溫，死亡率相當高，建議飼主應及時以不要太冰的濕冷毛巾反覆擦拭寵物身體，使其散熱，同時趕快連絡好動物醫院交給專業醫生處理，成功治癒的機會較高。

因熱衰竭死亡風險高，也有嚴重後遺症，千萬不能輕忽。而這隻可愛的柯基犬丹丹本身又有點重量，量體重時大約二十公斤重，因此對心臟方面有負擔。我一面安撫飼主難過的情緒，一面幫這隻寵萌柯基犬做淨身擦拭。在擦拭身體的過程中，我看牠的毛髮色澤都很漂亮，感覺就像睡著般安詳的離開，我對著牠說：「沒有病痛了，叔叔會唸經迴向給你，往生到極樂世界淨土吧！」

Story 26 最遙遠的距離

人有時候被讚美就什麼都答應了……。

記得那天是位女生打電話給我，說她們家的小貴賓狗，因年紀大老了自然往生，請我去接體。

約好時間和地點，到了礁溪她家後出來迎接的是位阿姨，止當心裡疑惑著怎和電話中的聲音不一樣時，那位阿姨開口說話了：「是我女兒請您來接，聽說你網路上風評不錯，在台北很多人知道。」我心裡想我是有服務過的客人在台北上班，但家住宜蘭的飼主有哪幾位都屈指可數，這位阿姨也太抬舉我了吧！不過聽到讚美後心情就更好了。

因小貴賓狗體型和體重不大，抱起來很輕盈，在幫遺體淨身並裝箱後，上面蓋上加持過的往生經文紙被（如下圖所示）有人問上面的洞洞代表什麼意思，店家他們是這樣回答的：「往生咒上面燒痕加持的意義，象徵阿彌陀佛頭上護持，使亡者離苦得樂，接引入西方淨土。」

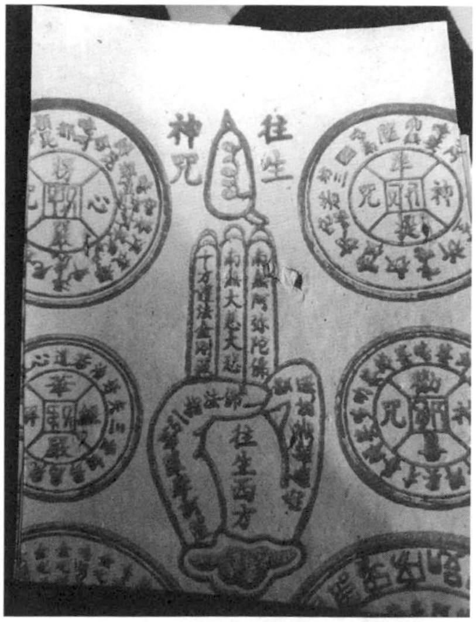

▲上面的洞洞象徵阿彌陀佛的護持。

雖然我個人信仰的宗教也有經文，但我們是誦經唱題迴向給往生者，其實意義和目的都一樣，希望能離苦得樂宿命轉換。將遺體蓋上往生被後裝箱並用膠帶封好後，就載去位於蘇澳的焚化爐登記。因對方要求取回骨灰回來灑葬，因此選擇個別火化。那位阿姨說她沒交通工具，因為女兒要工作在身無法載她，希望火化當天我能載她過去。

這裡我要說明一下，礁溪到蘇澳約三十多公里，如果開車順暢也要半個小時，來回就一個鐘頭了，一般我的報價如果選擇最基本的個別方案，只負責接送遺體，取骨灰和火化時需自行前往，雖然我會到現場幫忙家屬送最後一程，但沒包括接送家屬。但一想到阿姨之前直誇獎我服務好風評佳，怎忍心叫她自行前往，所以好人就做到底。其實她坐計程車還比較方便哩！因為宜蘭位於礁溪和蘇澳之間，我從宜蘭出發去礁溪載她，然後再從礁溪到蘇澳，其實走了更遠的路。因為飼主是位很有愛心的人，她把小貴賓狗剩下的一些狗糧捐贈給需要的單位，所以我也就好人就做到底。

我訪問過幾間民間的善心單位，他們沒有假日可言——收容所內的流浪貓狗，和我們人一樣都要吃三餐，不是今天餵養了，明天沒空就不去餵食。而政府機關並沒什麼補助款給他們，大多都是靠各地的捐款及物資，加上愛心志工們的投入，才能讓這些浪浪溫飽。所以我才說他們都沒假日可言，讓我很佩服。

我能力有限，能幫忙的就是小額捐款、或類似像這樣狀況依飼主所託捐贈。不過我有個願望，假如我出的書能大賣的話，我一定再捐更多款項給這些單位，來幫助流浪動物。

在火化那天我就前去載這位阿姨了，到了火化室看到阿姨聲音很溫柔的對狗狗說一些道別的話，一邊說一面輕輕的撫摸著愛犬的毛髮，雖然已看了很多次這樣的場景，但也忍不住鼻酸。火化時間到了，火化阿伯很準時的將萌寵慢慢的推進火爐中，此時阿姨哭著說：「火來了，要快點跑喔，乖乖的跟在菩薩旁邊修行啊！」其實這些話也會因每位飼主信仰不同而有不同的說法，有些人會說「跟在佛祖旁修行」、「到彩虹橋上找你同伴玩吧」等等安慰的話。

這邊說明一下為何要說彩虹橋，而不是其他橋？相傳寵物在離世後靈魂將到達「彩虹橋」的說法，其實是回應在人世間的主人或家人對牠的盼望和安慰；希望能真正幫助喪寵之痛的主人，撫平寵物離世的哀痛。寵物的生命短暫，我們用一小部份的時間陪牠，但牠們卻以一生的時間來愛護主人，就只有牠們無怨無悔的留守家中等待主人回來，所以看到阿姨和寵物間的「人寵情深」也令人動容。

在火化完後，隔天才能取骨灰，因為公營單位只有一位人力服務，不會當天只火化一隻寵物，大約每小時安排一隻。等早上火化完，下午有空再一一的將骨灰磨成粉狀裝袋，接著再裝入紙盒中。於是隔天我又要去一次拿骨灰，再開車從蘇澳拿到礁溪給那位阿姨。阿姨原本要請我載她到福園灑葬，這當然也未含在服務內，得另外加價，只是想到她之前對我的肯定和讚美，就……好人做到底吧！

不過我心裡想，之後服務的客戶我一定要先說清楚講明白，否則累的是自己，畢竟路是走長遠的。我當然想做到盡善盡美，但不是像這樣一路做到底，因有時案件較多時間會挪不出來。我有位朋友也是服務業，他是從事事務機方面的維修，非常盡責但沒原則，為何這麼說呢？他有個好處就是什麼都答應，只要客戶機器有問題時他就過去修，有時修不好就把機器抱回公司，並答應隔天就會給客戶。結果他倉庫堆滿機器，問他為何這麼多，他說有些零件要等幾天才會來，沒辦法那麼快給客戶；但他之前又答應客戶說隔天就給，使得客戶原本很期待卻變得失望，你說這樣風評會好嗎？

我已經出社會多年了，應對進退的道理應該要懂，才不會對客戶失信又不得體；而且我來來回回很多趟，對宜蘭地形已經很熟悉了，來往花費的距離和時間多少都可算得出來的。好在當我把毛孩骨灰拿到阿姨家時她改變心意了——她希望我能幫她把骨灰埋在附近的花園裡就好，於是要我幫忙挖一個地方埋骨灰。我聽到後也欣然接受，埋好後任務也算完成，阿姨很滿意地謝謝我的幫忙，這樣也算是功德圓滿了。

其實我也是性情中人不愛計較，阿姨對毛小孩這麼有愛心又客氣就勝過一切，這則故事之所以稱為〈最遙遠的距離〉，是看到主人和寵物這麼親密，在牠往生後想和牠說說話，希望能聽到牠的回應但卻再也沒機會了，或許這就是「最遙遠的距離」吧！

▲幫阿姨為火化後的萌寵挖洞、埋藏骨灰。

Story 27

也是一則感人故事

每隻毛小孩背後總有動人的故事。

記得那天早上要先送一隻浪浪去火化之前，接到蘇澳打來的一通電話；因為火化處就在蘇澳地區，原以為可「順便」先前往這位飼主家接毛小孩，但主人說希望全家到齊後，讓他們見到最後一面才放心讓我接走。所以就先把這隻浪浪送去火化室後再回宜蘭等候通知，一直等到下午電話響起，我才能去接這隻萌寵，於是再又一次前往蘇澳。

雖然開車到蘇澳半小時內就可到達，但從宜蘭到蘇澳路程約二十五公里，來回就五十公里；我早上已去了一趟，下午再去一趟，這樣往返就超過一百公里了，但這種生死大事無法預測也急不得，只能耐心等候通知。

到了現場才知道為何家人如此重視牠——數一數約九個親人在旁等候，他們家屬已自行把狗狗裝箱裝好，只是打開一看，滿滿的金紙。

趁機在這邊說明一下，狗狗不是人，不用燒金紙給牠，而且宜蘭公營的焚化爐也不能放金紙。很多民眾不知道這項規則，所以如果真的要燒金紙給萌寵，請家屬另外燒給牠即可；除非是送到外縣市私人火化爐，就不在此限。若送去收費較高一點的私人火化單位，有自己的寵物樂園，多數設有不同宗教的紀念館，不管是佛教、道教還是基督教都有，供飼主們多樣選擇。因此，在那裡就不會有這種不可燒金紙的困擾。

有些宜蘭的飼主習慣在當地處理，我覺得毛小孩如有靈性，應該也想在自己故鄉吧。於是我準備好紙箱、手套、口罩和濕紙巾幫牠擦拭「小一」體，因為這是一隻小小的吉娃娃，也已經是陪伴他們十五年的老狗了。

雖然吉娃娃的性格較為神經質、喜歡吠叫，但這就是吉娃娃的「特色」，由於牠們的體型較細小，身體瘦弱，所以容易受到傷害；但牠們小小的體型也為牠們帶來好處，讓牠們能輕易適應現代的生活環境，包括市區和小公寓，適合老年人飼養。一般來說，小心飼養的話，吉娃娃都可以有長達十七年及以上的壽命。

在幫這隻「老吉」裝箱後上車，我緩慢地開著車，家人們沿路陪同牠到目的地。看到這一幕很令我感動，他們非常慎重地陪牠，用最尊嚴的方式讓牠離開，好像處理人的殯葬禮儀一樣。最前面是禮儀車，後面隨行一長串的親友家屬。

到了火化室要先登記和冰存，在這等待的時間裡，有位年輕人和我說起一些這隻老狗狗的故事。他說他國小一年級時，牠才剛出生沒多久，狗狗陪著他一起長大，再從國中、高中一直到出社會……無論喜、怒、哀、樂都會陪在他們家人身旁，所以無論如何也要送牠一程……。

而這位年輕人很有禮貌也很客氣地怕耽擱我太久時間，因我還有別的任務要忙，請我先去忙沒關係，他和家人們想多陪牠一下，擔心牠到陌生的地方會不習慣。看得出牠和家人感情至深，我告訴這位年輕人你的任務已了，生老病死是自然規律，離開是牠最終的歸宿；也請其他家人們不要太傷心，大家一起祝福牠到另一個快樂天堂。

我們常聽到毛小孩往生後，主人都會希望他當小天使或到彩虹橋找同伴等等祝福的話；而人死後就有三魂七魄之說，感覺較為嚴肅。雖然都是人們想出來的，但既然「逝者已矣，來者可追」，過去離開的已無法挽回，只有未來我們可以把握。

人生在世，應懂得珍惜時間、把握當下學習的機會。我在中途之家教課時，看到學生因家庭環境等問題而來這單位，雖然在這裡大家可輕鬆的上課，不會要求過高，但一定還是要教導他們做人處事之道。學生往往當下未能體會老師的用心，等到畢業後或出社會時遇到許多挫折，才想到老師昔日對他們說過的話。有時他們回來找老師聊天，說到自己當初怎麼那麼不懂事，想再回來重新學習時，就如同前面說的，與其悔恨過去的放浪不羈，不如把眼光放在未來，唯有記取經驗和教訓才有機會東山再起。

Story 28 阿嬤的金孫

這隻老狗是隻瑪爾濟斯，處理蠻多這類的萌寵了，牠們的性情溫和、外表可愛、愛撒嬌、好客，因此十分受到人們的喜愛，是很受歡迎的犬種之一。

開業之初，牠的家人曾打電話來詢問，對方聽到我是在地業者，就說：「很好很好，宜蘭需要你們來服務，我們住中油加油站附近。」聽到這麼說心裡真是高興，就這樣過了幾個月，原本早就漸漸地忘記這件事，畢竟我每天都有許多事要做，包括「寵物殯葬服務」、「每週兩天去中途之家授課」，還有自己的「補教事業」等等⋯⋯。

但就在某天電話突然響起，對方問：「你還記得當初住加油站附近的那位嗎？」其實加油站很多間，還好對方有給我地址，我一聽馬上知道在哪一間加油站附近。我這個人唸書普通，但聽力和記性特別好，也能一聽就知道是哪位，對方說她們家的瑪爾濟斯狗往生了，希望我去處理；於是約好時間後，我就前往接體了。到現場時，只見到阿嬤出來開門，聲音還算宏亮，她說我的金孫走了，麻煩我幫牠帶去火化，我一面幫牠擦拭淨身，阿嬤一面述說著牠的故事。

她說這隻瑪爾濟斯，從小就被阿嬤「惜命命」（台語），天冷時怕牠著涼、半夜起來幫牠蓋被、夏天怕牠熱吹放冷氣讓牠吹，吃的狗糧也都買最好的給牠吃，還三兩天就幫牠洗澡，感冒時緊張的趕緊帶去看獸醫……聽到這裡，心裡想「真是好狗命」，幾乎和人一樣的禮遇，難怪阿嬤說是牠的金孫，一點也沒錯。

但再怎麼捨不得也是要放手，幫狗狗淨身後，抱起牠要裝箱用膠帶封起來時，原本健談的阿嬤哭了，這也是人之常情。阿嬤說的話讓我聽了也鼻酸起來：

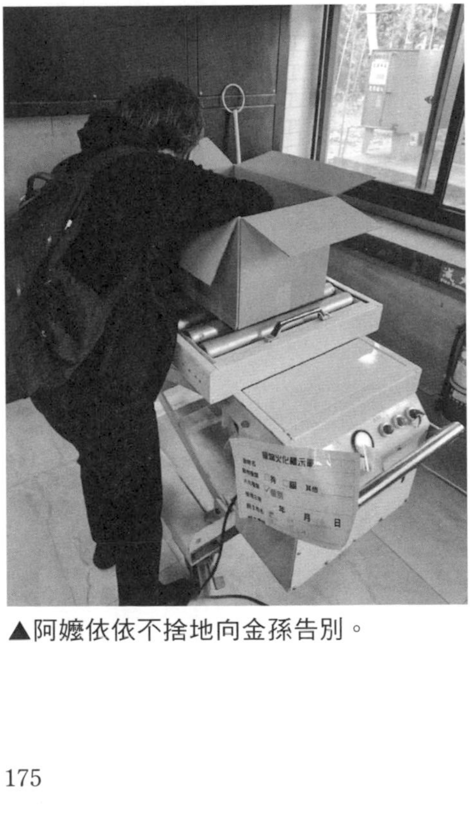

▲阿嬤依依不捨地向金孫告別。

「你就安心地去，不痛了，跟在佛祖旁好好修行。你先離開，阿嬤也許不久也會跟著你去，說不定我們會再見面。」聽到這樣的話，我安慰阿嬤別這麼說、她還很「勇健」，活到一百二沒問題啦！

阿嬤說：「年輕人，你不知道喔，照顧這隻狗我花很多時間，我自己也有很多慢性病，有時自己都沒時間看醫生，都照顧牠為主。」我心裡想，明明打電話給我的是她女兒，為何女兒不照顧，丟給老人家顧呢？可能阿嬤知道我在想什麼，接著說她三個女兒都嫁人了，雖然有一位住附近，但阿嬤說嫁出去的女兒就像潑出去的水，不能常回來。

這位阿嬤還是有著傳統的觀念，不像我的另一半多幸福，一年三百六十五天，但早就超過三百六十五天回娘家的次數了。為何這樣說？因為有時一天回兩次，你們看嫁給我多幸福，哈！（這句話可刪掉，不然她看到會唸我。）其實我覺得，現代人觀念進步，不要再拘泥嫁出去的女兒就像潑出去的水、少回娘家的傳統觀念，因為住得近，想念自己家人而常常去看他們是很正常的，除非相隔太遠就另當別論了。

Story 29 十七歲的長壽貓

某天接到一通電話，飼主說他們家的貓咪往生了，請我前去處理。詢問了地點後，得知就在我以前任教的國中對面，心裡有些高興——不要誤會喔，不是高興貓咪往生，是想說服務完貓咪的後事，可去學校找昔日的好同事聊聊。

到了飼主家，發現他們是住在公寓，在家屬的帶領下坐電梯到五樓，一開門時發現有隻貓咪來迎接，我以為貓咪還沒往生就請我來處理。原來主人養了兩隻貓，已往生的貓咪是隻米克斯，已高齡十七歲了。那時我心想這棟建築物也才蓋好沒幾年，米克斯貓就十幾歲了，原來飼主是從台北搬來宜蘭，這隻貓從以前就跟著他們生活。

貓咪善於隱藏身體不適，所以身為貓奴的我們更要懂得觀察並記錄任何異狀：例如睡眠時間變長、漸漸不在貓砂盆上廁所，食物與排泄物也是觀察重點，才能幫助牠及早發現、及早治療疾病。其實貓咪約六、七歲時身體已便開始退化，十歲以後正式進入高齡階段。因此在貓咪七歲到十歲間時，由於身體機能老化明顯，需要多觀察行為與生活習慣的改變；動物一旦老化後精神與體力都會下滑，還會有高齡貓咪的常見狀況與疾病——活動力降低、關節炎等。當貓咪年老後，睡眠時間逐漸拉長，甚至一天可以睡超過十八個小時；另外要注意貓咪是否有關節炎的問題，因為貓咪是非常能忍耐的動物，可能牠動作遲緩跳不高了，或是便溺在貓砂盆以外的地方時都要特別留意。

貓奴都知道貓咪很會掉毛，只要身穿黑色的衣褲往貓咪身上一「擦」，馬上就沾滿貓毛；就像我們家啾咪每次躺在我大腿上睡覺，當牠起身離開的時候，深色褲子上都是貓毛。但老貓自身理毛的次數會相對變少、新陳代謝變慢，皮膚毛髮狀況會變得更差。

此外須注意貓咪是否開始走路會搖搖晃晃、撞東撞西，尤其到夜晚更為嚴重。有時則是從牠身後摸牠，牠會嚇一大跳等等，很有可能是因器官退化或營養攝取不良等原因，導致牠的視力或聽力開始退化。因此貓咪一旦超過十歲，其實就該調整牠的飲食方式。

主人說這隻米克斯貓因跟著他們從外地搬來宜蘭生活，平常都很乖巧安靜，牠因為老了往生離開了，家人很坦然接受和面對。在幫這隻貓咪擦拭遺體後並裝箱上車，就去公寓對面學校去找昔日的同事，這讓我回憶起那時候在學校教書的種種趣事，當時學校對面還是一片空地，如今已是高樓林立了。

記得我在八年前，還在這所國中代課，教過數學、理化、電腦等，你問我怎麼那麼厲害教這麼多科，因國中是基礎教育，所以這些我還可應付得過去，我任教過縣內國小、國中許多學校，就

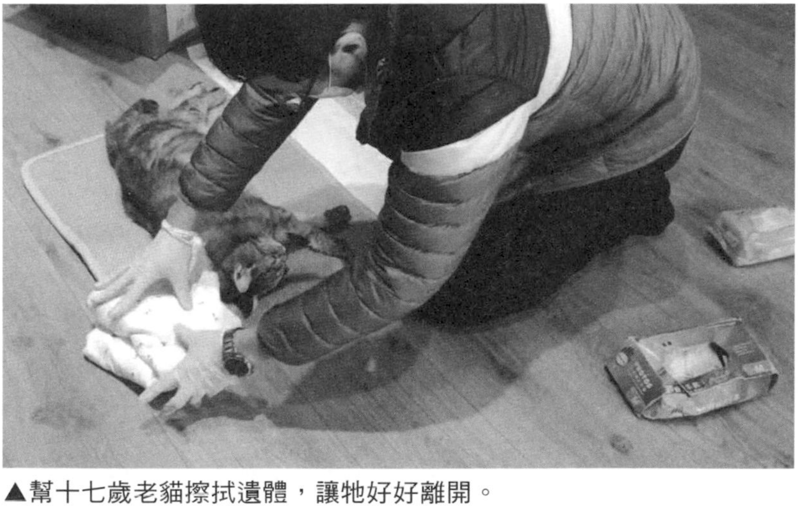

▲幫十七歲老貓擦拭遺體，讓牠好好離開。

這間學校讓我特別懷念。

話說回來，看到飼主養的貓咪十七歲了，又和同事聊天想起以前在學校的過往，一晃就八年了真是時光飛逝啊，心裡五味雜陳，但天下無不散的宴席，雖說是捨不得但還是要放下，因為我有自己人生規畫，就像現在白天從事寵物禮儀服務是件很有意義的事。

最後，這隻萌寵的爸爸、媽媽和妹妹都來幫這隻十七歲的老貓送行，再見了！來世再當爸爸媽媽的寶貝。

Story 30

從沒接過的寵物大體

大家可記得二〇二〇年新聞媒體炒得沸沸揚揚的「綠鬣蜥事件」？或多或少有從新聞報導中看過綠鬣蜥的樣子吧？以寵物蜥蜴來說，綠鬣蜥算是最受歡迎的蜥蜴之一，體型大，體長可長到一公尺，壽命可達十年。但是經過人工繁殖後，身價一路下跌。

不過為何這外來種生物會變成生態浩劫呢？原因是牠們喜歡吃農作物、並常出現在魚塭覓食；尤其長大後的綠鬣蜥力氣更大，尾巴甩動的力量很大，會傷到人。小時候很可愛會被當寵物，但越長越大後

▲綠鬣蜥。（示意圖）

就遭受人類無情的棄養，加上牠能適應南部的溫暖乾燥氣候，又沒天敵，所以才會大量繁殖。

對於喜愛這種大型蜥蜴的人來說，從被疼愛的寵物變成被獵殺的獵物，一定會感到心疼，我能體會這種感覺。假如哪一天我們喜歡的貓、狗也成為這樣被獵殺的「對象」時，應該也是一樣的難受吧？加上最近政府公告修法，要將綠鬣蜥列為「有害外來種」，需移除野外群體，以人道處理；居家飼養的綠鬣蜥將全面登記納管，如未納管遭查獲，將處以罰款並得沒收。

開業以來我服務處理「鳥類」、「鼠類」以及「貓」和「狗」的寵物大體居多，到目前為止，唯一尚未接觸過的是「爬蟲類」的大體。

因為實在對要如何服務爬蟲類的後事感到好奇，剛好想起昔日補習班的學生，他是爬蟲類的專家，還曾上過電視被採訪過。雖然已出社會多年，但我們還常常聯絡（這樣是否又透露出我年紀稍長的秘密了）。

在請教他之後，我才了解到爬蟲類的「後事」是如何處理。

他們是這麼做的——飼養爬蟲類這種特殊寵物的飼主，對爬蟲類的喜愛非常深，爬蟲類寵物如果過世，大多數的飼主會把牠們做成標本。標本的種類有好幾種：骨骼標本、剝皮標本、浸液標本，但是做標本的價錢有點高，所以有少部分人（例如學生）就會直接找地方埋起來，有時則是提供給標本師練習或是相關科系學生做研究。我聽了這類動物的後事處理方式，回想起之前接過的案子裡，還真沒遇過爬蟲類的案件。

▲有些飼主會將往生的爬蟲類寵物製作成標本。

（感謝蘭陽綠野工作坊提供照片）

寫到這裡心裡難免有些小小的抱怨。公營火化爐只要是能夠燒的寵物都可進行焚化，有些寵物例如綠蠵龜，牠的殼比我設計的木棺還要硬都能火化了，依照規定木棺卻不能跟著寵物一起火化，真是替這些想幫寵物好好處理後事的飼主叫屈。不過發表這篇文章後，會不會因此開放可燒木棺，就不得而知了！我有可能會被封殺、列為不受歡迎人物吧？哈！畢竟工作人員也只是聽命行事，我盡力配合就好了，何必找他們麻煩？但法規是死的、人是活的，要有應變能力，因此有機會我還是會去「請示」看看。

PART 5

告別儀式說明

5-1 常見宗教儀式說明

現在養寵物的人口越來越多，牠們幾乎和我們平起平坐，不像以前「死貓吊樹頭，死狗放水流」的傳統觀念，因此有些飼主會問：寵物往生後如何幫他們做儀式？如果單純只有火化就結束，感覺似乎少了什麼。所以在此跟各位簡易說明各個宗教的儀式，不管你有沒有特定的信仰，都提供給你們參考。

1. 佛教

寵物的生命禮儀要用何種儀式，端看飼主的信仰而定。以下，先來談談「佛教」的儀式。

佛教有「因果循環」與「六道輪迴」之說。佛家認為人生無常，生死是自然之事。人的死亡只是另一輪迴的開始。現今，台灣的佛教信仰者也特別注重人往生的後事處理；佛教認為人死後會在七七四十九天內轉世輪迴。

在中國傳統的佛教葬儀裡，「做七」和「法會」是大事，都是幫助亡者消業積德。因此守喪期間，會早晚誦經或聘請法師引領誦唸佛經。不過，「人」的喪禮有分家祭和公祭，而寵物並無此設限，所以這部份大多會省略。

至於火化、安葬晉塔，則看飼主的需求而定。有些飼主希望火化後將骨灰取回，自行拿去花園或陵園灑葬即可，但也有的飼主想做得更貼心；在火化後將寵物的骨灰放入骨灰罐，並購置或租賃寵物專屬的塔位，也就是晉塔。

有些業者將塔位分為「永久塔位」和「年租塔位」，這兩種價格差異較多。年租塔位大約一萬以內就可以租到，永久塔位則是三、四萬元起跳，端看飼主想幫寵物做到什麼程度而定，業者都會有因應的配套。不過在此提醒飼主，要看自己的經濟狀況量力而為，不要本末倒置。

一位火化阿伯在聊天時和我聊到說，某位飼主愛貓成癡，可以為了寵物花光積蓄，但父母苦勸不聽，在某次生重病時請父母代其照顧，父母就和女兒說：「你不是很寵牠，叫牠帶你去看病啊！」雖說是氣話，但看得出來，她的父母已經有點無奈又氣憤，所以「百善孝為先」，沒有父母就沒有我們，一定要將父母放在第一順位。總之佛教的儀式大致如此。

我信仰的宗教是「**台灣創價佛學會**」。

這和佛教有何差別？對此，我查了一些台灣創價學會的資料後整理如下。從一九六二年引進台灣弘教以來，一九九〇年正式成立法人，之後榮獲「行政院獎」且連續多年，被內政部頒發「全國性社會團體公益獎」，對教育貢獻良多，獲頒「推展社會教育有功團體」及「藝術教育貢獻獎」。

「創價」之意，即創造生命最高的價值，信仰日蓮佛法的目的就是開啟每人心中的佛性，透過不斷自我改革，也就是人間革命，讓自己的生活家庭進而得以貢獻社會及人群，以達成祈求世界和平的目標。（感覺很偉大吧！）

佛教創始人釋迦牟尼在約兩千五百年前悟得此項法則並明白到，自己和一切眾生的生命中都具備能超越人生痛苦、改變環境的能力。生於十三世紀的佛教僧侶日蓮在悟得這一法則後，把它稱為「南無妙法蓮華經」。日蓮基於《法華經》，確立了唱唸「南無妙法蓮華經（Nam-myoho-renge-kyo）」的修行，讓一切眾生都能顯現自身生命中的佛界。

「南無」是印度梵文「Namas」的中譯，有「皈依、皈命」之意，這裡的意思是歸命於妙法。

「妙法」指的是「不可思議甚深之法」。之所以稱之為妙法，是因為被苦惱所困、受迷惑或雙眼受蒙蔽的凡夫，其實具有佛性，不但自己能超越任何困難，也能使他人成佛，這是奇妙且難以令人置信的。

「蓮華」意為蓮花。蓮花雖扎根於汙泥之中，但開出的花朵卻清麗而不染。同樣地，凡夫雖然生活在混濁不堪的社會中，但仍能顯現出代表人性美好及至高尊嚴的佛界。

「經」指的是經典、經文，亦即佛的教義。這裡是指妙法，即貫穿一切生命及全宇宙的根本法則、永恆的至理。

雖不是什麼神秘的咒語，也不是去依賴什麼神明，而是在生活中踏踏實實地、不屈不撓地克服所有障礙和度過充實幸福人生的法則。這樣應該有點概念我會唸這經文的意義了吧！

創價學會認為，佛教典籍中沒有載明要由僧侶主持葬禮，另外他們信仰的對象日蓮本身也沒有舉辦葬禮。最後結論是，葬禮不需由僧侶主持，而是實行「友人葬」，會員們幾乎都採取友人葬的形式，即使是非會員，也可以參加友人葬。

創價學會的喪禮怎麼舉辦，大致說明如下。

信仰此妙法無沖無煞、百無禁忌，假日即是好日、不擇日、不擇時，喪葬期間的一切儀式以「台灣創價學會」的儀典準則辦理。

守靈期間唸經文迴向（即唸「南無妙法蓮華經」的日文發音），不播放其他宗教錄音帶，安靈時於御本尊前，放置亡者遺相、靈位牌，並放置臥香爐、捻香爐，不放置直式插香爐。祭拜時，以唱題及輪流捻香為主，不需對亡者靈前端飯、不拜腳尾飯、不燒冥紙、不做蓮花座放棺木、不可用陣頭，家屬每天於靈前誦經唱題，追善迴向，不需額外做七。到了告別式當天，遺族穿著較正式的黑色服裝即可，以腕章分別輩份，不掛輓聯花圈，這就是我所信仰的宗教儀式。

我從國小就和家人一起信仰，所以知道的資訊稍微詳細一些。當然，海納百川，佛法無邊，學無止盡，我也僅是略懂皮毛，因此如有飼主本身亦沒信仰，我就會教他唸「南無妙法蓮華經（Nam-myoho-renge-kyo）」並和他解釋其意義為何，但也不強迫。

2. 道教

「道教」追求養生修行。道教認為，人死亡後會魂飛魄散，親人過世後，應移至殯儀館或安置於自宅廳堂。

道教認為，人死後三魂七魄散去，需以「招魂幡」招其亡魂。道教重視陰陽五行及沖煞相剋之論，因此喪事及各種重要節日，均需選擇良辰吉時，並需忌諱沖剋的生肖。我很佩服一些算命師父屈指一算就可能看出一個人的端倪，我個人不懂其中的道理，只覺得很玄，因此就不多說了。其實我覺得，只要不做虧心事，腳踏實地、多做善事，心安理得就可以了。

道教最重視儀式，因此會請道士設壇舉辦法會。由於道教相當注重功德法會，認為唯有透過誦經法會，才能超渡亡魂升天。若有飼主為道教人士，毛小孩往生後是否要做法會等等，就看飼主的想法了，以上也僅供參考。

3. 天主教

天主教的信徒們尊崇聖母瑪利亞，認為生命是永恆的存在，人的死亡其實是永生的開始。只要相信主，必定能獲得救贖，進入光明喜樂的天堂。因為天主教認為，人死後，「靈」會回到主的懷抱。

我知道天主教沒有像道教或佛教一樣燒香拜拜；不用招魂幡、不燒紙錢，更沒有做法會超渡，但大約知道他們有誦唸《天主經》、《聖母經》和《聖三榮經》等，相關過程可參考我服務過的Picco飼主案例（第76頁）。

他們以天主教儀式來為寵物舉行告別儀式，我曾全程參與過。在告別儀式中，神父拿著一串念珠和十字架；十字架上有耶穌基督像，念珠上有幾顆綠、黃、紅、黑的串在一起，但不知代表的意義為何，不過可以確定的是，天主教的信徒比我更了解。讀者可參閱前面的天主教儀式照片，這裡就不再贅述。

4. 基督教

我之前總是把「天主教」和「基督教」搞混，後來才知道，基督教信奉上帝，上帝就是耶和華。我以前認為耶和華就是耶穌，因為都有「耶」字，就像古代文學家蘇軾就是蘇東坡一樣，後來才了解兩位是不同人，所以不同宗教的差異性蠻大的，我只能概述所知道的部分。

天主教透過神父帶領禱告，基督教是直接向主導告。基督教的十字架沒有耶穌基督，耶穌基督的母親是聖母瑪利亞，而基督教看待人的死亡，認為只是靈魂回到天上，安息在主的懷抱裡。他們相信，這一切都是上帝美好旨意的安排，未來大家都會在上帝那裡相聚，且永遠同在，感覺這樣的宗教很正面地看待死亡，而不是恐懼的角度。至少心理上會覺得放鬆很多。

所以基督教沒有招魂或引魂儀式，沒有靈位、靈堂，也沒有燒香祭拜或誦經法會等問題。因此基督教的喪禮相對其他宗教簡約許多，所有喪葬後事沒有很多忌諱。基督教認為，人死後就會上天堂。

除了上面幾種宗教之外，當然還有其他宗教儀式，等我遇到或再去找些資料，未來有機會出續集時再行補充。

飼主看完上述宗教儀式的說明後，在面對寵物臨終往生，應該會更有概念且能坦然面對吧。古人說：「月有陰晴圓缺，人有悲歡離合，此事古難全。」寵物亦是如此，就以佛教觀點來說：「毛小孩已輪迴到更好的地方了。」以道教觀點來說：「牠在人間的修行已功德圓滿了。」以天主教觀點來說：「牠回到天主懷抱了。」以我信仰的宗教來說：「牠已離苦得樂、宿命轉換了。」最後，以基督教的觀點來說，則是：「牠已上天堂了。」

總之，結局都往好處想就可以了。

5-2 寵物往生禮儀流程

很多飼主在面臨寵物往生後，可能一時不知所措而亂了方寸，甚至悲傷過度、淹沒了理性。此時先不要慌，有幾個方向可供參考。面對寵物往生，越來越多飼主的觀念已傾向將其擬人化，就是直覺性地請寵物禮儀業者來處理，少部分則會自行處理。現在，就以我殯葬業者的處理流程進行說明，我們一定都得按照如下的模式：

1. 接運遺體

一般寵物殯葬業者接到電話後的第一件事，會先問飼主：住哪裡？寵物大小為何？以便他們能做一些準備工作。

抵達飼主家裡或指定地點後，也有不同的處理方式。如果是在動物醫院往生，有些動物醫院已幫飼主裝箱好，好讓寵物禮儀業者帶走，之後再和家屬討論後續問題。如果寵物在家裡往生，他們就會去府上接大體，接遺體前如果在家裡且未裝箱之前，一般都會幫寵物遺體做簡易的擦拭，但有飼主已把寵物打包好，直接讓其帶走。

2. 遺體淨身

關於這部分，要依實際情況而定。如果飼主已經裝箱好了，這時不會硬性規定說要再拆封、把遺體拿出來淨身，此時可先帶去公司冰存，除非飼主要馬上火化。火化前需先退冰，這時禮儀人員會幫毛小孩做擦拭、梳理的淨身步驟，但無一定標準。此時，亦可讓飼主參與會更適合，畢竟毛小孩之前的打理都是飼主在做，禮儀師可從旁協助。如飼主因故無法到場，我們會幫忙做這個流程，並拍照或錄影給飼主看，順便和飼主說明，這是希望毛小孩在臨走前做最後的淨身，希望牠乾乾淨淨地離開。

3. 火化前儀式

我覺得與其稱為儀式，不如說是火化前的告別，因為接下來就要火化了。在火化前，會留一點時間讓飼主家人們和毛小孩做最後的道別，也就是「道謝」、「道歉」、「道愛」、「道別」（稍後第204頁有詳細說明），至於要說什麼，應該不用我說明了，相信飼主一定有很多話要對毛小孩說，禮儀師只需在旁引導即可。

4. 撿骨

一般寵物火化時間約四十至六十分鐘。以宜蘭火化的時間來說，在將寵物推進去火化後，阿伯會示意說我們可以離開，因為火化時間就如同上述一樣，不過要視各地火化場所的情況而定。有些私人業者或許可讓飼主在火化約一小時後，馬上撿骨或磨成粉狀，以便當天可將其帶回。

一般寵物火化完的骨頭應該稱為「骨骸」，呈現塊狀，外觀看起來似乎和我們吃的排骨或豬骨頭差不多。（這樣說以後會不會不敢啃骨頭了？）但其實，因為火化完的骨骸是很脆的，可能一摸就碎了，因此有些業者會很貼心地將骨骸用機器磨成粉狀，以便裝進骨灰罐或方便讓飼主帶回去灑葬。

一般而言，大部分骨灰磨成粉大致都為白色粉狀。除非寵物生前有長期服用藥物，或骨骼受到癌細胞侵蝕，導致部分呈現深色。飼主千萬不要因為看到這種顏色而難過，畢竟已經往生了。要調整好心情，並告訴毛小孩說，以後不再受病痛所苦了；已經離苦得樂，往生淨土，不要陷入悲傷的氛圍才是！

5. 安置儀式

火化後，除非飼主選擇集體火化，否則一般以個別火化為主。之後會將骨灰拿到飼主手上。這時，飼主可依自己的宗教信仰，對自己毛小孩的骨灰簡單地說說話，說：「你已經回到家了。」或是在將牠灑在寵物陵園時和牠說：「這裡有許多你的同伴，可以和你的同伴一起玩喔！」或灑在自家花園時，亦可對牠說：「爸爸、媽媽把你灑在花園裡，你就可以陪著我們，我們都能感覺到你在身邊。」等溫馨的話。所以並無規定安置的儀式；有些飼主也會選擇「良辰吉時」進行安葬，這也是可以的。總之，寵物的儀式不像人類的儀式那樣複雜，還要看「方位」、「風水」等等，只要飼主覺得適合即可。

6. 追思紀念儀式

其實這是看飼主的想法，雖然我在服務時有和飼主提到這個部分，但大部分飼主覺得，只需做到上一個流程即可，追思紀念就留在自己心中紀念就好。其理由是覺得，再辦個追思儀式他們又要傷心一次，有些人則覺得沒必要。

不過還是有飼主會以較溫馨的方式舉辦，例如找一間咖啡廳或自家場所，把平日和自己毛小孩較親近的人找來聚聚，以下午茶的方式進行，或者大家一起吃個小點心、播放毛小孩生前影片追思。當然會有喜、怒、哀、樂的過程，但重點是讓大家再回憶毛小孩昔日的種種，並以溫馨的方式舉辦。寫到這裡，想起多年前過世的北護校犬「小黑」，在牠往生後，師生們除了幫小黑布置靈堂外，也為牠籌畫告別儀式，整個過程溫馨而不嚴肅，各位有興趣的話可自行上網查詢當年的相關新聞。

綜合上述，再次整理寵物的禮儀流程大致如下：

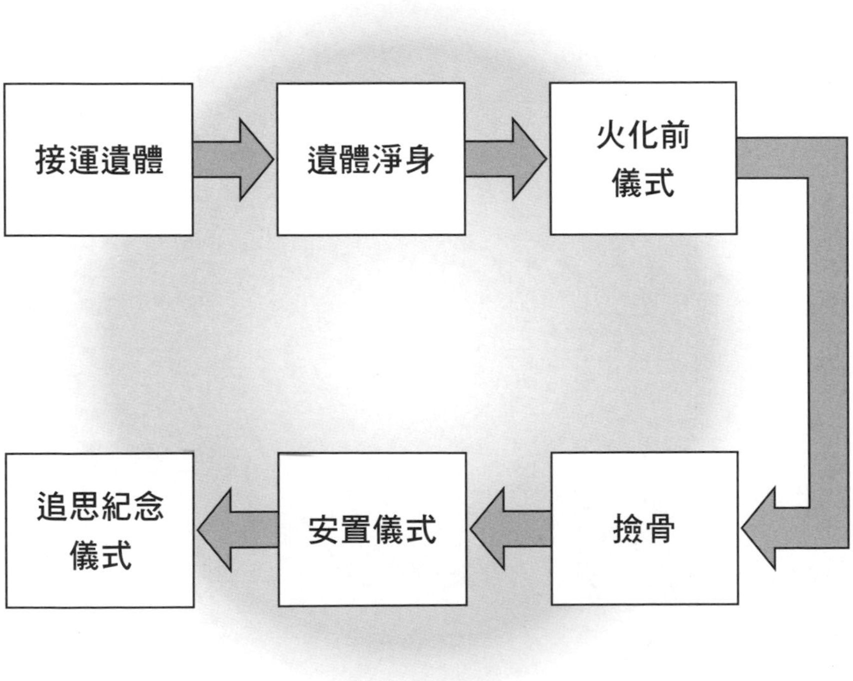

▲ 寵物的禮儀流程。

這樣一來，飼主們應該就能比較清楚寵物往生後的程序流程，不會手忙腳亂了。

5-3 關於寵物棺木

以人的角度來看，棺木的台語又稱為「大厝」，意思就是大房子，也就是人往生之後身體安置的居所。但現在越來越多飼主把毛小孩當成自己的家人，甚至食、衣、住、行亦趨向擬人化的方式。以「食」而言，小時候我們家養的小黃狗只要我們家人吃什麼，牠就跟著吃什麼；現在因為知識較豐富，知道寵物和人的食物要有所區別。大家都知道，腎臟會把水分回收，一小部分會成為尿液；一般來說，貓咪喝的水分較少，所以寵物食品工廠也都會以較清淡的口味為主。根據資料統計，腎臟疾病是貓咪死因排名之首，因此不可不謹慎。

接著要說的是「住」的方面；在早期社會裡，貓、狗大多養在外面，尤其狗類居多，但現在常常看到主人會抱著貓咪或狗狗一起入睡的溫馨畫面。因此也衍生出許多和寵物相關的周邊商品，甚至希望後事能辦得溫馨。雖不至於要像人的喪禮一樣很隆重，也不一定要有親朋好友參與，但從新聞媒體報導上已看到，有些飼主願意隆重地幫寵物舉辦告別儀式，因為他們把這些寵物當成最心愛的家人，希望牠走得沒有遺憾。

從這些萌寵的告別儀式照片可知，家屬對毛小孩的重視並不亞於親人。歐美國家重視毛小孩的程度可供我們國內參考。在德國和荷蘭，他們沒有流浪貓、狗的問題。你會發現，越先進的國家制度越完整，因為他們覺得，寵物和人類一樣，該享有同等的待遇。如果有毛小孩出現在街上，路人就會幫忙尋找主人認養。瑞典更有明文規定，白天至少每六小時要帶毛小孩出外活動一次。鄰近國家日本對毛小孩的重視也值得我們學習，他們開發多種在寵物生前或離世，能療癒撫慰飼主的紀念商品，例如寵物抱枕、寵物馬克杯、寵物鑰匙圈等等。

◀毛小孩紀念商品
——雷射雕刻鑰匙圈。
（感謝蘭陽綠野工作坊提供照片）

▼家人都來為毛小孩送別。

隨著現代人將貓、狗等寵物視為家中的一份子，寵物的身後事也越來越擬人化，甚至近年來，日本就出現許多奢華級的寵物殯葬禮儀服務，更有人開設「寵物悼念咖啡館」來療癒飼主的悲傷。因為寵物帶給飼主心靈慰藉，業者亦能體會飼主此時的心情，遂比照人類的模式為寵物進行喪禮儀式、哀思追悼，而此行業的服務也正逐漸興起。

這就是我設計寵物棺木的目的，希望有別於以往，不單只是就地掩埋或火化處理，而是讓飼主對於和寵物相互陪伴的這些日子，也能有機會好好向毛小孩做最後的「道謝」、「道歉」、「道愛」和「道別」，以表示我們對牠們的思念和密不可分的關係。

「道謝」是指和寵物說「謝謝你這些日子以來陪伴主人」之類的話；「道歉」意味著毛小孩這一生用全部的生命來陪伴，我們卻來不及彌補牠，所以趁此機會好好向牠道歉；「道愛」是指飼主和全家人都非常愛牠，讓牠們的生活充滿愛。最後的「道別」意思則指「天下無不散之宴席」，寵物亦是如此，大家總有分開的時候。

因此，在最後的日子裡，好好把握短暫的相處時間，再次撫摸牠、抱抱牠並和牠說說話，帶著滿滿的祝福送給牠；在其往生後，我們也要學著放下，不要執著和太過悲傷，而應該好好地過生活。

一般而言，棺木分為土葬與火化棺木兩種。顧名思義，土葬棺木會入土，也較耗時費料，所以現在土葬比較少了，而傾向以火化方式處理。也就是說，棺木最後會連同寵物一同送入火化爐，也較為環保與方便。

毛小孩火化後會進行撿骨，所以有些飼主會選擇用寵物骨灰罐來放置骨灰或進行灑葬、樹葬或海葬等儀式。方式雖有不同，但對於「寵物的愛」，始終沒有改變。

不過在處理寵物大體時，有一些工具是必備的，例如：口罩、手套、消毒酒精等等，畢竟路要走得長遠，不要因為一時貪圖方便而忽略一些基本的保護措施。畢竟寵物遺體也可能有傳染病，若造成傷害就得不償失了，所以自身的保護措施也很重要。

中華民國專利證書

新型第 M609360 號

新型名稱：寵物棺材

專利權人：

新型創作人：

專利權期間：自2021年3月21日至2030年9月29日止

上開新型業依專利法規定通過形式審查取得專利權
行使專利權如未提示新型專利技術報告不得進行警告

經濟部智慧財產局 局長 洪淑敏

中華民國 年 3 月 21 日

▲我的寵物棺木專利證書。

白色素雅款

蝶谷巴特款

▲專利棺木有兩種款式：白色素雅款和蝶谷巴特款。

5-4 飼主常見問題Q&A

以下是我服務寵物時遇到的一些問題及處理方式，提供給大家參考。實際上並沒有一定的答案。

Q1 寵物火化時，我該和牠說些什麼？

A 一般火化前會預留一些時間讓飼主和毛小孩做最後的道別，比較常聽到的飼主和毛小孩的對話是：「你最棒了！你是家人最乖的寶貝，放心地跟在佛祖旁邊，好好修行喔！」或是「不痛了！等一下火來了，要記得趕快跑喔，不要回頭！」或是「媽媽和爸爸及家人們都很愛你，希望你到另一個世界或到彩虹橋，去找你的同伴玩吧！」等等，聽起來都是希望牠過得好；這時只要說些祝福的話都可以，並沒有設限。

Q2 請問二十四小時都有服務嗎？

A 其實這也要看業者的人力支援，是否有二十四小時的服務。就以我而言，雖說有股東合夥，但大部分還是我一個人去服務。如果我二十四小時都開機待命的話，可能沒幾天，還沒服務到幾位飼主，自己就先往生了。畢竟路是要走長遠的，沒充分休息怎麼為他人服務？不過，如果毛小孩在半夜往生，通常我會建議飼主稍作休息，隔天再請業者早點來協助亦可，畢竟天亮時寵物禮儀業者來了，總不能說：「就交給你們處理，我去休息了。」飼主一定會全程在旁陪伴。因為要忙毛小孩的後事，怕飼主沒休息會體力不繼。

因此，毛小孩往生時，建議先將牠安置在家裡較安靜的地方，讓寶貝先躺著；再用毛巾或毯子蓋著後，飼主先去休息幾個小時。此時如果是佛教信仰，可以先放《阿彌陀佛經》給寶貝聽；如果是天主教或基督教信仰，可以播放聖歌等或為寶貝禱告，播放到業者前來接手處理。

Q3 如果牠狀況一直沒有好轉，我該怎麼辦？

A 曾遇到過飼主問我，家中寵物狀況很不好、但還沒往生，該怎麼辦？這時，通常我都會建議飼主，先帶去動物醫院讓獸醫評估狀況再討論後續處理。畢竟我不是醫生，不知該怎麼處理。有些或許可透過吃藥控制、多活一陣子，有些飼主不忍牠飽受病痛折磨，想用安樂死的方式讓牠解脫，也有些選擇在最後的日子裡，以安寧照護的方式陪伴。怎麼做沒有一定的答案，但如果飼主要選擇安樂死，一定要先和動物醫院的醫生溝通好，並且需先做好心理準備，之後心情才會比較釋懷。以上是我的一些建議及看法。

Q4 我想把寶貝的骨灰放在塔位裡或帶回家，可以嗎？

A 我先回答後面的問題。你有想清楚，帶回家時骨灰罈要放在哪裡嗎？放客廳或放房間？家人會同意嗎？這些問題要先請飼主想好並和家人溝通好，再帶回去會比較適當。有些飼主家中如果長輩的思想較傳統，可能不會同意，你總不能硬要帶回去吧！不過，如果家人溝通好就沒問題了。

放房間好或放客廳好，也是個問題。因為客廳是客人常來家裡找你聊天的地方，或許你覺得沒關係，但或許客人覺得不妥，因而不敢去你家了。這時又該怎麼辦？這些問題都要先想好。

有些飼主在經濟上沒問題。如果想將骨灰罈放置在私人業者的寵物塔位供養，業者有分年租及永久塔位兩種：前者較便宜，幾千元即可；永久塔位可能較貴，大約三、四萬起跳。

我有去參觀過私人業者的寵物塔位。空間不會很大，不像人的納骨塔空間比較大，但大部分寵物的骨灰罐都放得下，而且塔位也會因位置高低而有價差，這都要先詢問清楚。

Q5 有宗教信仰的我該怎麼做，才算幫牠走完最後一段路？

A 有人說，眾生皆平等。當毛小孩離世時，有些飼主會依他們的宗教信仰唸佛經給毛小孩聽，希望牠們能離苦得樂、往生淨土，有些會唸《地藏經》或《菩薩經》，有些會以天主教或基督教的禱告方式幫毛小孩祈福。這部分可參閱本章前面第186頁已談到之較常見的宗教方式，其目的都是為了祝福毛小孩能轉世輪迴，或上天堂或當小天使等等，希望牠們能去到更好的地方。

Q6 我可以燒紙錢或金紙給牠嗎，怎麼做我才會心安？

A 有人說，無論金紙或銀紙，都是燒給鬼神或往生的人。寵物不是人，拿到後也不會去買東西。不過這其實沒有一定的答案，就像天主教或基督教或我信仰的宗教都不燒紙錢，而是以唸經或禱告的方式迴向給毛小孩。

更何況，有些公營機構不收金紙、銀紙。你放進紙箱中，還會請你拿出來。

他們以環保為概念，所以不能放進去燒。如果是私人業者，可能就比較沒有限制了。畢竟飼主都會想燒些牠生前喜歡的玩具或食物給牠，所以會放進一些塑膠玩具或有橡膠成分的球類等等。

以環保的角度來看，將這些塑膠類的東西和寵物大體一起燒，可能會產生毒素或變成膠狀，進而和骨灰黏在一起。想想看，這樣適合嗎？如果真的要燒，最好以紙類的物品為原則。坊間也有業者提供紙做的球、狗屋、貓屋等等，但這也是拿到私人業者那裡燒比較適合。據我所知，這些東西公營機構都不會收，而且他們要求越簡單越好。

其實燒什麼都好，最重要的是飼主的心要很平靜且充滿祝福，安心送牠走才是最重要的。更重要的是要告訴毛小孩，你會一直把牠放在心中，這樣牠就能感受到你的愛了。

Q7 可以和禮儀公司簽生前契約嗎？

A 所謂「生前殯葬服務契約」，是指消費者於寵物在世時，向禮儀公司預先購買往生後的殯葬物品與服務。相關內容可參閱Part 2第70頁，有較詳細的敘述及我服務的過程和相關案例。

Q8 寵物過世後，需要洗澡淨身嗎？

A 關於這個問題，也有不同的看法。有些飼主希望牠能乾乾淨淨離開，所以幫寵物洗澡美容。大家應該看過日本電影《送行者：禮儀師的樂章》吧！電影中死者往生後，禮儀師在覆蓋毛巾的底下幫死者擦拭大體，很溫柔地在被子底下擦拭，沒讓大體光溜溜地外露，藉以表示尊重，我覺得這樣就很溫馨和敬業了，並沒看到幫死者洗澡等過程。

通常不管是人或動物，除非有很明顯的髒汙，否則一般建議不要洗（除非要驗屍或有重大意外），或是像我之前碰到，埋在土裡並泡水多天，這時才需要幫寵物的遺體沖洗一下。因為淨身時翻弄寵物大體，可能會讓牠體內積存的血水或食物、糞便因此流出，反而越弄越髒，因此大多以擦拭大體為主。

若你真心想好好送他一程，就用濕毛巾擦擦牠的臉和身上髒汙就好了，然後用梳子把牠的毛好好整理一下，放入業者提供的火化紙箱，不要弄得濕濕的。至於在紙箱裡放紙錢或牠生前喜歡的玩具等，則要注意火化的地方是否可燒？前面說明過了，千萬別放塑膠類和鐵製品，套住頸部的項圈也別放入。牠一定不想死後還被套牢綁著，就讓牠解脫吧！這樣說明後，飼主應該比較清楚寵物淨身的過程了。

Q9 選擇個別火化還是集體火化較好？

A 火化分成團體火化和集體火化。所謂團體火化就是業者會將一天內從各地收回的遺體送去公營或民營機構先冰存後，會在固定的時間進行集體火化，也就是會和其他毛小孩一起火化。火化完後的骨灰如果在私人業者那裡，通常會灑在業者的陵園或寵物花園，應該很少飼主在集體火化後，會向業者分一些骨灰撒在自己的花園吧！如果要這樣，建議個別火化即可。若是公營機構，就會灑在公家機關的寵物陵園，像是宜蘭福園的寵物陵園（Part 1第80頁）集體火化，已無法分辨燒剩的骨灰是誰的了。

如果飼主想取回自己寵物的骨灰，需採用個別火化。個別火化要看飼主選擇民營或公營的機構來火化。公營機構的優點是，他們不會當天火化，會讓飼主稍有時間調適和準備，通常有三天左右（以我的服務經驗來判斷），而且前一天會通知飼主，幾點到場以先做準備。

切記，公營機構不可能當天只火化一隻萌寵，他們要在安排每一隻個別火化的時間後再通知飼主。第91頁有提到，某位飼主遲到了近半小時，下一位飼主已在外等候了，造成火化阿伯的困擾，因此安排個別火化時請務必提早十分鐘，甚至更早一點到場。當然，公營機構收費較為便宜。

私人業者的好處是，他們會依飼主的時間進行安排，不過宜蘭沒有私人業者的火化爐，希望以後我可以來成立一條龍式的服務（從接體、冰存、火化到晉塔，或有自己的陵園）。

所以個別火化大多是飼主自己養的毛小孩。火化後要裝在骨灰罐帶回，或放在塔位裡，或要看日子等等，也都視飼主的想法而定。

Q10 寵物的喪葬費用是否很貴？

A 通常接到電話，最常聽到的第一句話就是：「家裡的萌寵往生了。」第二句話就是問價格。此時我會先分析給飼主評估，要選擇集體火化或個別火化（兩者差別請參閱Q9），因為集體火化就表示不取骨灰、統一時間灑葬。若選擇個別火化，接著會詢問飼主，想幫毛小孩做到什麼服務？例如：只想取回骨灰灑在自家花園或裝在骨灰罐裡，兩者價格不同。又或者想再幫毛小孩多做一些，如紀念物品等，於是我就會再詢問：要做成何種樣式？有不凋花、盆栽、寵物項鍊等等，依據飼主所需配合，而這又會再稍微增加一點費用。

其實寵物的殯葬禮儀，大概一萬元以內就做得很完善了，除非要將牠的骨灰裝進骨灰罐，然後晉塔或買塔位才另當別論，也端看各地民情和飼主預算而定。

Q11 請問寵物往生火化後的舍利子是什麼？可以留作紀念嗎？

A 如果以科學的角度來看，詢問獸醫得到的回答是：有可能是長期吃藥或未代謝掉的化學物質。綠綠藍藍的舍利子火化後通常會附著在骨頭上，顯示身體裡有結晶體，代表身體有異狀。

例如有些痛風的人，火化後也會出現很多舍利子。而寵物火化後，體內出現一些看似顏色漂亮、藍藍綠綠的結晶體，大多是體內藥物殘留所形成的，這些舍利子可由飼主自行決定是否保留。

但有些飼主覺得自己的毛小孩一向都很健康，可能不願意聽到這樣的說法，所以我們可以從心靈的角度來開導，告訴飼主：你的毛小孩已功德圓滿，此生任務已完成，順利輪迴轉世了，大家都誠心祝福牠即可。

後記

我從事補教業十七年了，寫一本數理解題技巧的書或教學經驗談一定沒問題，但卻選擇以寵物送行者的日常記錄出書，這是因為每次在動保單位或毛小孩社團中，看到毛小孩因為年紀大或不親人而被棄養時，就會覺得很難過。雖然寵物不會說話，但牠能感受到主人是否對牠好。當你看到因為被棄養而兩、三隻一起被暫時安置在小小籠中、瑟縮著的寵物時，將心比心，如果被關的是你，那感覺會好受嗎？

話又說回來，我雖然扮演寵物送行者的角色，但每次去接大體時，心裡都是沉重的。看到平常和主人互動的毛小孩，就這樣一動也不動地斷氣往生，總讓人感到悲痛萬分。不過，讓我覺得驚訝的還是早期農業社會「死貓吊樹頭，死狗放水流」的習俗與做法，我還看過照片，甚至因為畫面太過驚悚而嚇得不知所措。

一個是貓主子，一個是人類最好的朋友狗狗；過世時，為什麼用這樣的方式處理呢？這實在令人百思不解。現在隨著動物保護的觀念日趨普及，動物安葬方式也變得多元，將牠視為家人的想法已能深入每個家庭。若隨意棄置寵物屍體，將被處以一千二百元至六千元以下罰鍰，所以現在已較少人採用民俗方法處理過世的寵物。

飼主和毛小孩之間的關係是最親密的，這種感覺我很能體會。記得小時候家裡養過一隻米克斯狗，因為毛色偏黃，我都叫牠小黃。牠從結紮後就開始發福，微胖的體型走起路來很可愛，但也顯得有些吃力。仍記得，在牠後半生的日子中，大小便常常失禁，但也有傳奇故事可寫。

我已忘了在家裡養牠第幾年的時候，也忘了什麼原因讓家人不想養，總之那時沒什麼棄養的概念，只知道家人有個很好的理由及藉口，說要讓牠回歸「自由」，於是就被帶到山上放生。

那時我還小，只知道很捨不得，但卻只能接受上述的理由。其實以現在的角度來看，這就是「棄養」。不過我記得，當時的自己有要求不要放生，但家人卻安慰我說，牠在山上很自由也很快樂。如果想去看牠，假日再帶我們去。但當時還不懂事、不知這只是個搪塞孩子的藉口。後來當然沒帶我們去看牠，而我也就這樣漸漸地淡忘了這件事。如果那時我有能力的話，我一定會堅持繼續養小黃。

就這樣過了一段時間，應該有一年以上了。突然有一天，鄰居說在菜市場好像看到我們家的小黃，要我阿母去確認。她原本還不相信，以為鄰居在開玩笑，但最終還是去了。沒想到竟然是真的！牠還向我阿母搖尾巴。鄰居也說，這表示牠和我們有緣，因此別再棄養牠了。這件事我真的沒唬爛，不信你可去問我阿母。

就這樣，我們一直養牠到終老。只是當時牠往生時，宜蘭沒有火化動物的場所，所以父親說，將牠帶去山上埋起來就可以了。以現在的角度來看，這樣做對環境不衛生，也不是個很好的方式。

前不久，我和朋友聊到有關寵物的事，增長了一些知識。這位朋友說的話蠻有道理。他說，我們平常吃的雞、豬或鴨，因為沒幫牠們取名字，就顯得較沒感情，如果今天你幫任何一隻動物取了名字，感覺就不一樣了。例如：如果幫你養的每隻雞都取了小乖、小美等等的名字，每天你叫牠名字、餵牠吃飯時牠都會聽話地走過來。這麼一來，當小乖、小美長大後，你會忍心殺牠們來吃嗎？這話好像有道理。雖然我目前還沒辦法做到吃全素，但也慢慢少吃肉類了，畢竟牠們也是生命，有血也有肉。

到這裡，我終於把屬於自己的一本書完成了，希望讀者們喜歡，並珍惜家人和毛小孩相處的時間。

寫這本書的另一個原因是，昔日服務過的飼主們，除了對我從事補教老師身兼寵物殯葬感到好奇外，當他們知道我想把服務寵物身後事的過程寫成故事集後，也都很支持、也很鼓勵我，甚至還熱情地提供很多自己和萌寵的生活照給我，並且說一定會買書。這讓我相當感動，也很努力地完成這本書。

不過，要完成一本書也不容易，除了一開始要有寫書的動機外，動筆後（現在是打字代替），蒐集資料就花了不少時間；許多個晚上我都已經就寢了，腦海中還在想，哪裡還要再補充。有時半夜醒來，一有靈感竟就起來打字。這種拚勁只有當年寫論文時才可比擬。不過這一切都是值得的，至少在自己的人生中，又留下了一筆記錄與回憶。

我有位學長是大學教授，他退休後，成為致力於有機堆肥並改善土壤環境的專家。聽他說，他從花甲之年到已過從心之年的歲數，花了十年心血發明並申請相關專利，現在仍持續活躍地推廣他的理念，就如同國內一些知名企業家：張忠謀董事長、郭台銘董事長，甚至現任美國總統拜登也都年過七旬，還在為自己的理念努力，因此我更沒理由鬆懈！

感謝晨星出版社願意給我機會實現夢想，幫我出版此書。往後，我會更努力地做好每件事，也謝謝父親在天之靈，保佑我們全家人健健康康，並讓我在教書之餘，還能斜槓當個毛小孩送行者。同時，也謝謝母親及太座、家人們以及表哥的大力支持，讓我在服務毛小孩的後事時，能持續有勇氣面對，並得到家屬們的認同。您們是我最大的精神支柱，謝謝！

國家圖書館出版品預行編目資料

寵物生命禮儀 / 林元鴻著. -- 初版. -- 臺中市：
晨星出版有限公司, 2021.11
224面；16×22.5公分. -- (LIFE CARE；18)

ISBN 978-626-320-000-5(平裝)

1.殯葬業　2.寵物飼養

489.66　　110016249

LIFE CARE 18

寵物生命禮儀

陪你打理好牠的身後事，讓你們之間留愛不留遺憾

作者 林元鴻
編輯 余順琪、郭玟君
校對 施靜沂、楊荏喻
封面設計 耶麗米工作室
美術編輯 黃偵瑜

創辦人 陳銘民
發行所 晨星出版有限公司
407 台中市西屯區工業 30 路 1 號 1 樓
TEL：04-23595820　FAX：04-23550581
E-mail：service-taipei@morningstar.com.tw
http://star.morningstar.com.tw
行政院新聞局局版台業字第 2500 號
法律顧問 陳思成律師
初版 西元 2021 年 11 月 15 日

掃瞄QRcode，
填寫線上回函！

讀者服務專線 TEL：02-23672044 ／ 04-23595819#230
讀者傳真專線 FAX：02-23635741 ／ 04-23595493
讀者專用信箱 service@morningstar.com.tw
網路書店 http://www.morningstar.com.tw
郵政劃撥 15060393（知己圖書股份有限公司）

印刷 上好印刷股份有限公司

定價 300 元

ISBN 978-626-320-000-5

本書未註記來源之圖片，由作者及個案飼主提供，
其餘插圖與示意圖來源為 Shutterstock.com

Published by Morning Star Publishing Inc.
Printed in Taiwan